水质分析与评估

主　编　刘方园　王诗乐　王红梅

副主编　滕　妍　杨　璐　栗海舰
　　　　　王彩蕾　佟　宽　李成晗
　　　　　姚　婧　王珊珊　李司祺

哈爾濱工業大學出版社

图书在版编目(CIP)数据

水质分析与评估/刘方园,王诗乐,王红梅主编.
哈尔滨:哈尔滨工业大学出版社,2024. 10. —ISBN
978 - 7 - 5767 - 1724 - 2

Ⅰ. O661. 1

中国国家版本馆 CIP 数据核字第 20249ZU121 号

策划编辑　闻　竹　常　雨
责任编辑　张　颖
封面设计　童越图文
出版发行　哈尔滨工业大学出版社
社　　址　哈尔滨市南岗区复华四道街 10 号　邮编 150006
传　　真　0451 - 86414749
网　　址　http://hitpress. hit. edu. cn
印　　刷　哈尔滨市颉升高印刷有限公司
开　　本　787mm×1092mm　1/16　印张 9　字数 215 千字
版　　次　2025 年 1 月第 1 版　2025 年 1 月第 1 次印刷
书　　号　ISBN 978 - 7 - 5767 - 1724 - 2
定　　价　78. 00 元

前　言

水质分析与评估是保护水资源、维护生态环境的重要手段。通过对水质进行全面、准确的分析和评估，可以及时发现和解决水质问题，保障人类健康和生态环境的可持续发展。水质分析与评估是环境与给排水工程专业领域中非常重要的学习内容之一。随着人类活动的增加和环境污染的加剧，水质问题日益严重，对人类健康和生态系统造成了严重威胁。因此，水质分析与评估工作变得尤为重要，它不仅能够帮助人们了解水质状况，及时发现和解决问题，还能为制定环境保护政策和措施提供科学依据。

本书旨在系统介绍水质分析与评估的基本理论、方法和技术，帮助读者了解水质分析与评估的概念和重要性，掌握水质监测的基本原理和技术，学习水质评估的方法和指标，探讨水质管理的策略和措施。通过学习，读者能够全面了解水质分析与评估的相关知识，具备开展水质分析与评估工作的能力和素养。

本书内容丰富全面，涵盖了水质分析与评估的多个方面，既有理论知识，也有实践案例；既有实验方法，也有数据处理方法。希望通过学习本书的相关内容，读者能够深入了解水质分析与评估的重要性和必要性，掌握相关理论和技术，为保护水资源、改善环境质量做出贡献。

感谢所有为本书编写和出版提供支持和帮助的单位和人员，希望本书能够对读者有所帮助，促进水质分析与评估工作的开展。

由于编者水平有限，书中不足之处在所难免，恳请读者提出宝贵意见。

编　者

2024 年 11 月

目　录

第 1 章　认识实验室……………………………………………………………………………… 1

1.1　化学实验室的仪器、设备、试剂、安全与管理………………………………………… 1

1.2　化学实验室使用的非玻璃器皿及其他用品………………………………………… 17

1.3　化学实验室用水…………………………………………………………………………… 31

1.4　实验须知…………………………………………………………………………………… 43

第 2 章　了解水质分析 …………………………………………………………………………… 46

2.1　水质分析的任务与内容………………………………………………………………… 46

2.2　水质分析方法……………………………………………………………………………… 48

第 3 章　水样采集运转与储存 ………………………………………………………………… 68

3.1　水样的采集………………………………………………………………………………… 68

3.2　水样的运输………………………………………………………………………………… 74

3.3　水样的储存………………………………………………………………………………… 77

第 4 章　水质的指标 …………………………………………………………………………… 82

4.1　水的化学成分……………………………………………………………………………… 82

4.2　水中存在的杂质…………………………………………………………………………… 82

4.3　实验室用水要求…………………………………………………………………………… 83

4.4　纯水的分级标准…………………………………………………………………………… 83

4.5　实验室用水标准…………………………………………………………………………… 84

4.6　水的物理性质……………………………………………………………………………… 84

4.7　水的微生物评估…………………………………………………………………………… 98

第 5 章　水质的判定……………………………………………………………………………… 102

5.1　生活饮用水 ……………………………………………………………………………… 102

5.2 生活饮用水的供水方式 …… 102
5.3 制水工艺的判定 …… 103
5.4 生活饮用水的判定 …… 106
第 6 章 质量控制与数据分析 …… 113
6.1 采样质量控制 …… 113
6.2 水质分析质量控制 …… 114
6.3 方法验证 …… 114
6.4 数据处理 …… 115
6.5 数据的正确性判断 …… 117
第 7 章 原始记录单与报告撰写 …… 118
7.1 原始记录单撰写内容 …… 118
7.2 常见水质分析原始记录单(案例) …… 119
7.3 原始记录单撰写要求 …… 128
7.4 水质检测报告的编写要求 …… 129
参考文献 …… 138

第1章 认识实验室

1.1 化学实验室的仪器、设备、试剂、安全与管理

1.1.1 化学实验室的玻璃仪器及石英制品

实验室经常大量地使用玻璃仪器，这是因为玻璃具有一系列优良的性质，如较高的化学稳定性、热稳定性、绝缘性，良好的透明度，一定的机械强度，并可按需要制成各种不同形状的产品。改变玻璃的化学组成，可以制造出适应各种不同要求的玻璃。

玻璃的化学组成主要是 SiO_2、Al_2O_3、B_2O_3、Na_2O、K_2O、CaO、ZnO 等。表 1-1 列出了用于制造各种玻璃仪器的玻璃的化学组成、性质及用途。

表 1-1 用于制造各种玻璃仪器的玻璃的化学组成、性质及用途

玻璃种类	通称	化学组成（质量分数）/%						线膨胀系数 /×$10^{-7}K^{-1}$	耐热急变温差 /℃	软化点 /℃	主要用途
		SiO_2	Al_2O_3	B_2O_3	Na_2O K_2O	CaO	ZnO				
特硬玻璃	特硬料	80.7	2.1	12.8	3.8	0.6	—	22	>270	820	制作耐热烧器
硬质玻璃	九五料	79.1	2.1	12.6	5.8	0.6	—	44	>220	770	制作烧器产品
一般仪器玻璃	管料	74	4.5	4.5	12	3.3	1.7	71	>140	750	制作滴管、吸管及培养皿等
量器玻璃	白料	73	5	4.5	13.2	3.8	0.6	73	>120	740	制作量器等

从表 1-1 中可以看出，特硬玻璃和硬质玻璃含有较高的 SiO_2 和 B_2O_3 成分，属于高硼硅酸盐玻璃类，具有较好的热稳定性、化学稳定性，能耐热急变温差，受热不易发生破裂，用于生产允许加热的玻璃仪器。

玻璃虽然有较好的化学稳定性，不受一般酸、碱、盐的侵蚀，但氢氟酸对玻璃有很强烈的腐蚀作用，故不能用玻璃仪器进行含有氢氟酸的实验。

碱液，特别是浓的或热的碱液对玻璃也会产生明显侵蚀。因此，玻璃容器不能用于长时间存放碱液，更不能使用磨口玻璃容器存放碱液。

1.1.2 常用玻璃仪器的名称、规格、主要用途及使用注意事项

1. 常用的玻璃仪器(表 1-2)

表 1-2 常用的玻璃仪器

名称	规格	主要用途	使用注意事项
烧杯(普通型、印标)	容量/mL:1,5,10,15,25,100,250,400,600,1 000,2 000	配制溶液、溶样	加热时杯内待加热溶液体积不应超过总容量的 2/3;应放在石棉网上,使其受热均匀; 一般不可烧干
三角烧瓶(锥形瓶,包括具塞与无塞)	容量/mL:5,10,50,100, 200,250,500,1 000	加热处理试样和容量分析	除与烧杯具有相同的要求外,磨口三角瓶加热时要打开塞;非标准磨口要保持原配塞
碘(量)瓶	容量/mL:50,100,250, 500,1 000	碘量法或其他生成挥发性物质的定量分析	为防止内容物挥发,瓶口用水封;可垫石棉网加热
圆(平)底烧瓶(长颈、短颈、细口、广口、双口、三口)	容量/mL:50,100,250,500,1 000	加热或蒸馏液体	一般避免直接火焰加热,应隔石棉网或套加热
圆底蒸馏瓶(支管有上、中、下三种)	容量/mL:30,60,125,250,500,1 000	蒸馏	避免直接火焰加热
凯氏烧瓶(曲颈瓶)	容量/mL: 50, 100,300,600	消化有机物	避免直接火焰加热;可用于减压蒸馏
洗瓶(球形、锥形,平底带塞)	容量/mL:250,500,1 000	装蒸馏水,洗涤仪器	可用圆平底烧瓶自制
量筒、量杯(具塞、无塞,量出式)	容量/mL: 5, 10, 25, 50, 100, 250, 600, 1 000,2 000	粗略地量取一定体积的液体	不应加热;不能在其中配制溶液; 不能在烘箱中烘烤;不能盛热溶液; 操作时要沿壁加入或倒出溶液
容量瓶(无色、棕色,量入式,分等级)	容量/mL:10,25,100,150, 200, 250, 500,1 000	配制准确体积的标准溶液或被测溶液	要保持磨口原配;漏水时不能使用;不能烘烤与直接加热,可用水浴加热
滴定管(酸式、碱式,分等级,量出式,无色、棕色)	容量/mL:10,50,100	容量分析滴定操作	活塞要原配;漏水不能使用;不能加热;不能存放碱液;酸式、碱式管不能混用
微量滴定管(分等级,酸式、碱式,量出式)	容量/mL:1,2,3,4,5,10	半微量或微量分析滴定操作	只有活塞式;其余注意事项同滴定管

续表 1-2

名称	规格	主要用途	使用注意事项
自动滴定管(量出式)	容量/mL:5,10,25,50,100	自动滴定用	成套保管与使用
移液管(完全或不完全流出式)	容量/mL:1,2,5,10,20,25,50,100	准确地移取溶液	不能加热;要洗净
直管吸量管(完全或不完全流出式,分等级)	容量/mL:0.1,0.2,0.5,1,2,5,10,20,25,50,100	准确地移取溶液	不能加热;要洗净
称量瓶(分高、低型)	容量/mL:10,15,20,30,50	高型用于称量样品;低型用于烘烤样品	磨口要原配;烘烤时不可盖紧磨口;称量时不可直接用手拿取,应带指套或垫洁净纸条拿取
试剂瓶、细口瓶、广口瓶、下口瓶、种子瓶(棕色、无色)	容量/mL:30,60,125,250,500,1 000,2 000	细口瓶用于存放液体试剂;广口瓶用于存放固体试剂;棕色瓶用于存放怕光试剂	不能加热;不能在瓶内配制溶液;磨口要原配;放碱液的瓶子应用橡皮塞,以免日久打不开
针筒(注射器)	容量/mL:1,5,10,50,100	吸取溶液	
滴瓶(棕色、无色)	容量/mL:30,60,125	装需滴加的试剂	不要将溶液吸入橡皮头内
漏斗(锥体角均为60°)	长颈/mm:口径30,60,75;管长150 短颈/mm:口径50,60;管长90,120	长颈漏斗用于定量分析过滤沉淀;短颈漏斗用于一般过滤	不可直接加热;根据沉淀量选择漏斗大小
分液漏斗(球形-长颈、锥形-短颈,刻度、无刻度)	容量/mL:50,100,250,1 000	分开两相液体;用于萃取分离和富集	磨口必须原配;漏水的漏斗不能使用;活塞要涂凡士林;长期不用时磨口处垫一张纸
试管(普通与离心试管,刻度、无刻度)	容量/mL:5,10,15,20,50	定性检验;离心分离	硬质玻璃的试管可直接在火上加热;离心试管只能在水浴上加热
比色管(刻度、无刻度,具塞、不具塞)	容量/mL:10,25,50,100	比色分析用	不可直接加热;非标准磨口必须原配;注意保持管壁透明,不可用去污粉刷洗
吸收管(气泡式、多孔滤板式、冲击式)	容量/mL:1~2,5~10	吸收气体样品中的被测物质	通过气体流量要适当;可2只管串联使用;磨口不能漏气;不可直接加热

续表 1-2

名称	规格	主要用途	使用注意事项
冷凝管与分馏柱(直形、蛇形、球形,水冷却与空气冷却)	全长/mm:320,370,490	冷凝蒸馏出的蒸气,蛇形管用于低沸点液体蒸气	不可骤冷骤热;从下口进水,上口出水
抽气管(水流泵、水抽子)	分为伽氏、爱氏、改良式三种	抽滤与造负压	
抽滤瓶	容量/mL:250,500,1 000,2 000	抽滤时接收滤液	属于厚壁容器,能耐负压;不可加热
表面皿	直径/mm:45,60,75,90,100,120	盖玻璃杯及漏斗等	不可直接加热;直径应大于所盖容器
研钵	直径/mm:70,90,105	研磨固体试样及试剂	不能撞击;不能烘烤
干燥器(无色、棕色,常压与抽真空)	直径/mm:150,180,210,300	保持烘干及灼烧过物质的干燥;干燥制备的物质	底部放干燥剂;盖磨口涂适量凡士林;不可将赤热物体放入;放入物体后要间隔一定时间开盖以免盖子跳起
水蒸馏器(分一级、二级蒸馏水)	烧瓶容量/mL:500,1 000,2 000	制备蒸馏水	加入沸石或素瓷,以防暴沸;隔石棉网均匀加热
砂芯玻璃漏斗 G_1 G_2 G_3 G_4 G_5 G_6	孔径/mL: 20~30 10~15 4.5~9 3~4 1.5~2.5 1.5以下	 滤除大沉淀及胶状沉淀物 滤除大沉淀及气体洗涤 滤除细沉淀及水银 滤除细沉淀物 滤除较大杆菌及酵母 滤除1.4~0.6 μm的病菌	必须抽滤;不能急冷急热;不能抽滤氢氟酸、碱等;用毕立即洗净
硬质玻璃管	95料:直径为3~8 mm		
硬质玻璃棒	95料:直径为5~11 mm		
培养皿	直径/mm:60,75,95,100		
康卫扩散皿(具平板玻片)		测定物质扩散量	
密度瓶	容量/mL:5,10,25,50,100		
李氏比重瓶	容量/mL:250		
圆标本缸	直径/mm:200,200,200,225,250 高度/mm:200,280,300,225,250		

续表 1-2

名称	规格	主要用途	使用注意事项
方标本缸(具磨砂边平玻盖)	长度/mm:55,80,90,100, 102, 103, 130,150,150 宽 度/mm: 35, 50,165,200,50,40,210,50,250 高 度/mm: 85, 160,270, 220, 170, 150,320,110,260		
气体洗瓶(球形、筒形、孟氏、特氏)	容量/mL: 125, 250,500,1 000		

2. 玻璃量器等级分类

(1)一等玻璃量器用衡量法进行容积标定;二等玻璃量器用容量比较法进行容积标定。

(2)凡分等级的玻璃量器,在其刻度上方的显著部位标明“一等”或“二等”字样。无上述字样记号的,均为二等量器,即其容积的标定为容量比较法,定量时标准环境温度为 20 ℃。

(3)量出式量器,即从量器中移出容积等于刻度表上的相应读数,标注符号“A”。

(4)量入式量器,即注入量器中的容积等于刻度表上的相应读数,标注符号“E”。

(5)北京、上海、沈阳、武汉、长沙、广州、成都等地均有玻璃仪器商店及经销商经销上述玻璃产品。

3. 标准磨口仪器

(1)标准磨口仪器的优点。

标准磨口仪器是具有标准磨口和磨塞的单元组合式玻璃仪器,它与非磨口或非标准磨口玻璃仪器比较,具有以下特点:

①标准磨口玻璃仪器的所有磨口与磨塞均采用国际通用的锥度(1∶10)。凡属同类型规格的接口均可任意互换,由于口塞的标准化、通用化,可按需要选择某些单元仪器组装各种形式的组合仪器,不仅为使用者带来很大的方便,还可节约资金。

②接口严密。

③不需用橡胶塞、软木塞封口或作为组装接头,故不致沾污反应物,并可承受较高的温度。

(2)标准磨口仪器编号说明。

标准磨口仪器品种类型及规格繁多,为了便于书写和方便选购,每个标准磨口仪器的配件除名称外都可按“编号”(包括品种、规格、标准磨口规格的符号)书写。“编号”方法如下:

编号/规格/标准磨口规格

其中,编号为仪器配件类别;规格为该配件的规格;标准磨口规格为该配件标准磨口规格。若是多口配件,口塞规格按上、下、左、右次序排列。

例 1　如果圆底烧瓶规格为 500 mL,标准磨口为 24,则:

全国统一编号:8001/500/24

上海统一编号:1/500/24

例 2　如果直口三口烧瓶规格为 1 000 mL,标准磨口中、支均为 29,则:

全国统一编号:8005/1000/29×3

上海统一编号:5/1000/29×3

(3)标准磨口组合仪器。

玻璃仪器生产厂家和供销部门根据不同的实验需要设计和生产了整套标准磨口组合仪器,供用户选用,现介绍如下。

①8501 型标准口综合仪。该套仪器包括一套有机化学实验的设备,在造型上根据综合使用方面的要求而设计,供科学和工业研究使用。由于该套仪器组成范围较广,可以装配成真空减压蒸馏、回流反应、分馏等 10 种以上的实验装置,可供 6~7 位实验人员同时进行工作。全套由 82 件仪器组成,见表 1-3。

表 1-3　8501 型标准口综合仪组件

组件名称	规格编号(全国统一编号)	规格编号(上海统一编号)	数量	组件名称	规格编号(全国统一编号)	规格编号(上海统一编号)	数量
短颈圆底烧瓶	8001/50/24	1/50/24	3	三口连接管	8051/24×4	31/24×4	2
	8001/100/24	1/100/24	3	二口连接管	8053/24×3	33/24×3	2
	8001/250/24	1/250/24	3	蒸馏弯头(75°)	8058/24×2	38/24×2	2
	8001/500/24	1/500/24	3	蒸馏头(75°)	8055/1424×2	35/1424×2	2
	8001/1000/24	1/1000/24	3	真空接受管(105°)	8083/24×2	53/24×2	2
	8001/2000/29	1/2000/29	3	弯接管(105°)	8086/24	55/24	2
斜口三口烧瓶	8004/250/24×3	4/250/24×3	2	真空接收器输入管	8093/24×2	60/24×2	1
	8004/500/24×3	4/500/24×3	2	真空接收器(转式)	8094/2419×4	61/2419×4	1
	8004/1000/24×3	4/1000/24×3	2	搅拌器套管	8147/24	87 甲/24	2
	8004/2000/242924	4/2000/242924	2	搅拌器(环式)	8151/环式	90/乙	2
短颈茄形烧瓶	8011/25/19	11/25/19	4	温度计套管	8142/14	82/14	2
	8011/50/19	11/50/19	4	接头(具活塞)	8116/24	66/24	2
	8011/100/19	11/100/19	4	球形分液漏斗	8171/125/24×2	100/125/24×2	1
三角烧瓶	8009/250/24	9/250/24	2		8171/250/24×2	100/250/24×2	1
	8009/500/24	9/500/24	2	筒形分液漏斗	8172/100/24×2	101/100/24×2	1
直形冷凝管	8031/200/24×2	21/200/24×2	1	空心塞	8115/24	65/24	4
	8031/400/24×2	21/400/24×2	1	接头	8126/2429	76/2429	2

续表 1-3

组件名称	规格编号（全国统一编号）	规格编号（上海统一编号）	数量	组件名称	规格编号（全国统一编号）	规格编号（上海统一编号）	数量
球形冷凝管	8033/200/24×2	22/200/24×2	1	弯形干燥管	8150/24	97/24	2
	8033/400/24×2	22/400/24×2	1	导气管	8141/24	81/24	2
蛇形回流冷凝管	8036/300/24×2	24/300/24×2	1				

②8541 型标准口有机制备仪。该套仪器适用于高等学校、科学研究及工业分析研究方面，仪器设计紧凑，主要配件均包括在内，能完成有机化学实验上所需要的各类装置。全套由 29 件仪器组成，见表 1-4。

表 1-4　8541 型标准口有机制备仪组件

组件名称	规格编号（全国统一编号）	规格编号（上海统一编号）	数量	组件名称	规格编号（全国统一编号）	规格编号（上海统一编号）	数量
短颈圆底烧瓶	8001/100/24	1/100/24	1	直形冷凝管	8031/200/19×2	21/200/19×2	1
	8001/250/24	1/250/24	2		8031/400/19×2	21/400/19×2	1
	8001/500/24	1/500/24	2	球形冷凝管	8033/200/19×2	22/200/19×2	1
	8001/1000/24	1/1000/24	1	直形干燥管	8158/19	98/19	2
斜口三口烧瓶	8004/500/192419	4/500/192419	1	空心塞	8115/19	65/19	2
三口连接管	8051/19×324	31/19×324	1	导气管	8141/19	81/19	2
蒸馏头(75°)	8055/1419×2	35/1419×2	1	球形分液漏斗	8171/125/19×2	100/125/19×2	2
弯接管（105°）	8086/19	55/19	1	温度计套管	8142/14	82/14	2
接受管	8082/2419	52/2419	1	接头	8126/1924	76/1924	2
搅拌器套管	8147/19	87 甲/19	1	弯管塞	8117/19	67/19	1
搅拌器	8151/环式	90/乙	1				

③8561 型标准口半微量有机制备仪。该套仪器专供有机化学实验作半微量分析使用。全部为 14 号接口组件，配件在分馏真空减压方面较其他类型多，使用范围也较其他类型广泛。全套由 42 件仪器组成，见表 1-5。

表 1-5　8561 型标准口半微量有机制备仪组件

组件名称	规格编号（全国统一编号）	规格编号（上海统一编号）	数量	组件名称	规格编号（全国统一编号）	规格编号（上海统一编号）	数量
短颈圆底烧瓶	8001/5/14	1/5/14	3	直形冷凝管	8031/150/14×2	21/150/14×2	4
	8001/10/14	1/10/14	3	蒸馏头（75°）	8055/14×3	35/14×3	2
	8001/25/14	1/25/14	1	分馏头（75°）	8054/14×4	34/14×4	1
	8001/50/14	1/50/14	1	接受管（105°）	8082/14×2	52/14×2	2
梨形烧瓶	8013/10/14	13/10/14	1	弯接管（105°）	8086/14	55/14	1
	8013/25/14	13/25/14	1	真空三叉接管	8091/14×4	59/14×4	1
	8013/50/14	13/50/14	1	筒形分液漏斗	8172/25/14×2	101/25/14×2	1
梨形三口烧瓶	8015/25/14×3	15/25/14×3	1	漏斗（60°）	8176/40/14	102/40/14	1
	8015/50/14×3	15/50/14×3	1	温度计套管	8142/14	82/14	4
梨形分馏烧瓶	8018/25/14×3	17/25/14×3	1	空心塞	8115/14	65/14	3
	8018/50/14×3	17/50/14×3	1	导气管	8141/14	81/14	3
梨形刺形分馏烧瓶	8019/25/14×3	18/25/14×3	1	搅拌器套管	8148/14	87 丙/14	1
	8019/50/14×3	18/25/14×3	1	搅拌器	8151/旋板式	90/丙	1

④8581 型标准口半微量有机制备仪。该套仪器专供各高等学校作标准微量实验使用。全套由 13 件仪器组成，见表 1-6。

表 1-6　8581 型标准口半微量有机制备仪组件

组件名称	规格编号（全国统一编号）	规格编号（上海统一编号）	数量	组件名称	规格编号（全国统一编号）	规格编号（上海统一编号）	数量
梨形烧瓶	8013/10/10	13/10/10	1	直形冷凝管	8031/80/10×2	21/80/10×2	2
	8013/25/10	13/25/10	1	空心塞	8115/10	65/10	2
梨形三口烧瓶	8015/25/10	15/25/10	1	漏斗（60°）	8176/40/10	102/40/10	1
蒸馏头（75°）	8055/10×3	25/10×3	1	抽滤瓶	8010/25/10	10/25/10	1
具塞温度计	8143/250/10	83/250/10	1	二通塞	8118/10	69/10	1
筒形分液漏斗	8172/20/10×2	101/20/10×2	1				

（4）磨口仪器使用的注意事项。

①磨口仪器售价较高，若磨口受到损坏整个仪器将无法使用，故操作时需要谨慎。

②标准磨口仪器只要磨口号相同即可相互配合,但非标准磨口仪器应保持原配,否则仪器装配后会发生漏气或漏水。

③磨口仪器用完后必须立即洗净,在磨面间夹上纸条,以免日久粘连。

④磨口仪器不要长期存放碱液,因为碱液和玻璃中的 SiO_2 作用会生成有黏性的水玻璃(Na_2SiO_3),它会使磨口粘连。

⑤使用时在磨口处涂敷一层薄而均匀的润滑剂,如硅油、真空活塞油脂、凡士林等。

⑥磨口打不开时,可用温水、乙酸、盐酸浸泡,或在磨口部分滴数滴乙醚、丙酮、甲醇之类的溶剂以溶解硬化的润滑油脂,或用 10 份三氯乙醛、5 份甘油、3 份浓盐酸和 5 份水配成的溶液浸泡或刷涂在磨口处,或用塑料锤、木槌轻轻敲击;或两种方法(浸泡、敲击)同时使用等。

4. 有关气体操作使用的玻璃仪器

有关气体操作使用的玻璃仪器按其用途分为气体发生装置、气体收集和储存装置、气体处理装置、气体分析与测量装置四类。有关气体操作使用的玻璃仪器的名称、规格、主要用途和使用注意事项见表 1-7。

表 1-7 有关气体操作使用的玻璃仪器的名称、规格、主要用途和使用注意事项

类别	名称	规格	主要用途	使用注意事项
气体发生器	气体发生器	容量/mL:125,250,500,1 000,2 000	制备少量气体	不能加热;制氢气时注意氢气纯度,防止爆炸
气体储存器	集气瓶	容量/mL:125,250,500	收集气体	不能加热
	玻璃水槽	外径/mm:120,150,180,210,240 全高/mm: 80, 90, 100, 110,125		不能加热,也不能盛放较热的水
采样瓶	气体采样瓶	容量/mL:300 全高/mm:260	采集气体试样	
	双活塞气体采样管	容量/mL:150 全长/mm:310		
气体洗瓶	多孔式气体洗瓶	容量/mL:250,500 全高/mm:220,250	洗去气体中的杂质	
	直管式气体洗瓶	容量/mL:250,500 全高/mm;260,300		

续表 1-7

类别	名称	规格	主要用途	使用注意事项
气体发生器	气体发生器	容量/mL:125,250,500,1 000,2 000	制备少量气体	不能加热;制氢气时注意氢气纯度,防止爆炸
气体吸收管	固封式气体吸收管	管外径/mm:20 支管外径/mm:5~6 全高/mm:505	吸收气体样品中的被测物质	通过气量要适当;2 只串联使用(多孔玻板吸收管可单只使用);不可直接用火加热
	双支管气体吸收管	上管外径/mm:26 下管外径/mm:14 内管孔径/mm:1~1.5 全长/mm:180		
	U 形多孔玻板吸收管	全长/mm:180 支管外径/mm:8 球外径/mm:40 存在砂芯		
气体干燥器	一球干燥管	全长/mm:145 上管外径/mm:17	干燥气体或从混合气体中除去某些气体。干燥塔也可作吸收塔用	具阀的干燥管,不用时可将阀关闭,防止干燥剂吸潮
	二球干燥管	全长/mm:160 上管外径/mm:17		
	U 形干燥管	管外径/mm:13,15,20 全高/mm:100,150,200		
	U 形具支干燥管			
	U 形具支具塞干燥管			
	气体干燥塔	容量/mL:250,500 全高/mm:330.400		
流量计	气体流量计	全高/mm:230 全宽/mm:120	测定气体的流量	每套配有流量为 1.5 mm 及 3 mm 孔口玻管 2 支,根据流量大小选用

5. 成套特殊玻璃仪器

成套特殊玻璃仪器名称、规格和主要用途见表 1-8。

表 1-8　成套特殊玻璃仪器名称、规格和主要用途

名称	规格	主要用途	名称	规格	主要用途
水分测定器	普通 500 mL、石油专用 500 mL	石油油脂及其他有机物中水分测定	蛇形脂肪抽出器	60 mL、150 mL、250 mL、500 mL、1 000 mL	用于低沸点共沸物的提取
含砂测定器	容量 500 mL 标准磨口 24/20		普通蒸馏水器	250 mL、500 mL、1 000 mL、2 000 mL	用于制作蒸馏水或蒸馏水的二次蒸馏
砷素测定器	25 mL、100 mL、150 mL、250 mL	微量砷测定	蒸馏水器	1810A 单蒸、1810B 双蒸	
挥发油测定器	密度压 1.0 以上、密度压 1.0 以下	测定挥发油	干燥塔	250 mL、500 mL	净化气体
品氏黏度计	0.4 mm、0.8 mm、1.0 mm、1.2 mm、1.5 mm、2.0 mm、2.5 mm、3.0 mm、3.5 mm、4.0 mm	石油产品及轻化工产品运动黏度的测定	过滤装置	250 mL、1 000 mL	过滤沉淀、样液制作
乌氏黏度计	0.5~0.6 mm、0.6~0.7 mm、0.7~0.8 mm、0.8~0.9 mm、0.9~1.0 mm	石油产品及轻化工产品运动黏度的测定	组织研磨器	75 mL、90 mL、175 mL	
球形脂肪抽出器	60 mL、150 mL、250 mL、500 mL、1 000 mL	需要回流的脂肪测定	旋转蒸发器	50~5 000 mL	用于浓缩、干燥、回收液体

成套有机实验微型玻璃仪器由 30 多个部件组成，均采用 10 号标准磨砂接口。国产微型化学制备仪的品种和规格见表 1-9。

表 1-9　国产微型化学制备仪的品种和规格

序号	品名	规格（磨口口径/容量）	件数	序号	品名	规格（磨口口径/容量）	件数
1	圆底烧瓶	10 mm/3 mL 10 mm/5 mL 10 mm/10 mL	1	12	真空接收器	10 mm×2 mm	1
				13	具支试管	10 mm/5 mL	1
				14	吸滤瓶	10 mm/10 mL	1
2	梨形烧瓶	10 mm/5 mL	1	15	玻璃漏斗（附玻璃钉）	10 mm/20 mm	1
3	二口烧瓶	10 mm×2 mm/10 mL	2	16	温度计套管	10 mm	1

续表 1-9

序号	品名	规格（磨口口径/容量）	件数	序号	品名	规格（磨口口径/容量）	件数
4	锥形瓶	10 mm/5 mL	1	17	直角干燥管	10 mm	1
	锥形瓶	10 mm/15 mL	1	18	离心试管	10 mm/2 mL	1
5	直形冷凝管	10 mm×2 mm/80 mm	1	19	二通活塞	10 mm	2
6	空气冷凝管	10 mm×2 mm/80 mm	1	20	玻璃塞	10 mm	4
7	微型蒸馏头	10 mm/3 mm	1	21	大小头接头	14 mm/10 mm	1
8	微型分馏头	10 mm×3 mm	1	22	温度计	0~150 ℃，150~300 ℃	2
9	蒸馏头	14/10 mm×2 mm	1	23	搅拌磁子	四氟乙烯	1
10	克莱森接头	10 mm×3 mm	1				
11	真空指形冷凝器（真空冷指）	10 mm	1				

1.1.3 玻璃仪器的洗涤与干燥

1. 玻璃仪器的洗涤

实验室经常使用的各种玻璃仪器是否干净，常常影响分析结果的可靠性与准确性，所以保证所使用的玻璃仪器干净是十分重要的。

洗涤玻璃仪器的方法很多，应根据实验的要求、污物性质和污染的程度来选用。通常黏附在仪器上的污物有可溶性物质，也有不溶性物质和尘土，还有油污和有机物质。针对各种情况，可以分别采用下列洗涤方法。

（1）用水刷洗。

根据要洗涤的玻璃仪器的形状选择合适的毛刷，如试管刷、烧杯刷、瓶刷、滴定管刷等。用毛刷蘸水洗刷，可使可溶性物质溶解，也可使附着在仪器上的尘土和不溶物脱落，但往往无法去除油污和有机物质。

（2）用合成洗涤剂或肥皂液洗。

用毛刷蘸取洗涤剂少许，先反复刷洗，然后边刷洗边用水冲洗，直至倾去水后器壁不再挂水珠时，再用少量蒸馏水或去离子水分多次洗涤，洗去所沾自来水，即可使用。

为了提高洗涤效率，可将洗涤剂配成质量分数为 1%~5%的水溶液，加热浸泡玻璃仪器片刻后，再用毛刷刷洗。洗净的玻璃仪器倒置时，水流出后，器壁应不挂水珠，洁净透明。

(3)用铬酸洗液洗。

铬酸洗液是用研细的工业重铬酸钾20 g溶于加热搅拌的40 g水中,然后慢慢地加入到360 g工业浓硫酸中配制而成,并储存于玻塞玻璃瓶中备用。这种溶液具有很强的氧化性,对有机物和油污的去除能力特别强。在进行精确的定量实验时,往往遇到一些口小、管细的仪器很难用其他方法洗涤,此时可用铬酸洗液洗涤。在要洗涤的仪器内加入少量铬酸洗液,倾斜并慢慢转动仪器,让仪器内壁全部被洗液湿润,转动几圈后,把铬酸洗液倒回原瓶内,然后用蒸馏水洗涤多次。

如果要洗涤的玻璃仪器太脏,须先用自来水进行初洗。若采用温热铬酸洗液浸泡仪器一段时间,则洗涤效率可提高。铬酸洗液腐蚀性极强,易灼伤皮肤及损坏衣物,使用时应注意安全。铬酸洗液吸水性很强,应该随时注意将存放洗液的瓶子盖严,以防吸水而降低去污能力。当铬酸洗液用到出现绿色时(重铬酸钾还原成硫酸铬的颜色),就失去了去污能力,不能继续使用。

若能用其他的洗涤方法洗净仪器,则尽量不用铬酸洗液,因为铬有一定的毒性且成本较高。

(4)其他洗涤液。

①碱性乙醇洗液。将6 g NaOH溶于6 mL的水中,再加入50 mL体积分数为95%的乙醇可配成碱性乙醇洗液,储于胶塞玻璃瓶中备用(久储易失效)。可用于洗涤油脂、焦油、树脂沾污的仪器。

②碱性高锰酸钾洗液。将4 g高锰酸钾溶于水中,加入10 g氢氧化钾,用水稀释至100 mL可配成碱性高锰酸钾洗液。此液用于清洗油污或其他有机物质,洗后容器沾污处有褐色二氧化锰析出,可用体积比为1∶1的工业盐酸或草酸洗液、硫酸亚铁、亚硫酸钠等还原剂去除。

③草酸洗液。将5~10 g草酸溶于100 mL水中,加入少量浓盐酸配制草酸洗液。此溶液用于洗涤高锰酸钾后产生的二氧化锰。

④碘-碘化钾洗液。将1 g碘和2 g碘化钾溶于水中,用水稀释至100 mL配成碘-碘化钾洗液。此溶液用于洗涤硝酸银黑褐色残留污物。

⑤有机溶剂。苯、乙醚、丙酮、二氯乙烷、氯仿、乙醇、丙酮等可洗去油污或溶于该溶剂的有机物质。使用时应注意安全,注意溶剂的毒性与可燃性。

⑥体积比为1∶1的工业盐酸或体积比为1∶1的硝酸。用于洗去碱性物质及大多数无机物残渣。采用浸泡与浸煮器具的方法。

⑦磷酸钠洗液。将57 g磷酸钠和285 g油酸钠溶于470 mL水中即为磷酸钠洗液。用于洗涤残炭,应先浸泡数分钟之后再刷洗。

(5)用于痕量分析的玻璃仪器的洗涤。

要求洗去所吸附的极微量杂质离子。须将洗净的玻璃仪器用优级纯的HNO_3或HCl浸泡几十小时,然后用去离子水洗干净后使用。

(6)砂芯玻璃滤器的洗涤。

新的滤器使用前应以热浓盐酸或铬酸洗液边抽滤边清洗,再用蒸馏水洗净。使用后的砂芯玻璃滤器,针对不同沉淀物采用适当的洗涤剂洗涤。首先用洗涤剂、水反复抽洗或浸泡玻璃滤器,再用蒸馏水冲洗干净,再在110 ℃下烘干,保存在无尘的柜子或有盖的容器中备用。若砂芯玻璃滤器随意乱放，积存灰尘，一旦堵塞滤孔将很难洗净。洗涤砂芯玻璃滤器常用洗涤液见表 1-10。

表 1-10　洗涤砂芯玻璃滤器常用洗涤液

沉淀物	洗涤液
AgC	体积比为 1∶1 的氨水或 10%$Na_2S_2O_3$ 溶液
$BaSO_4$	100 ℃浓硫酸或 EDTA-NH_3 溶液（3%EDTA 二钠盐 500 mL 与浓氨水 100 mL 混合），加热洗涤
汞渣	浓热 HNO_3
氧化铜	热 $KClO_4$ 或 HCl 混合液
有机物	铬酸洗液
脂肪	CCl_4 或其他适当的有机溶剂
细菌	浓 H_2SO_4 7 mL、$NaNO_3$ 2 g、蒸馏水 94 mL 充分混匀

（7）磨口玻璃仪器的磨口处，不能用碱、去污粉等擦洗，否则易被腐蚀。

（8）常用超声波清洗机来洗涤玻璃仪器，既省时又方便，只要将玻璃仪器放在有洗涤剂的溶液中，接通电源，利用超声波的振动和能量即可洗净仪器，清洗过的仪器再用自来水、蒸馏水冲洗干净后即可使用。

2. 玻璃仪器的干燥

玻璃仪器应在每次实验结束后洗净、干燥备用。不同实验对玻璃仪器的干燥程度有不同的要求。一般定量分析用的烧杯、锥形瓶等仪器洗净后即可使用。而用于有机分析或合成的玻璃仪器常常要求干燥，有的要求无水，有的可容许微量水分，应根据不同要求干燥仪器。

常用的干燥玻璃仪器的方法如下。

（1）晾干。

不急用的、要求一般干燥的仪器可在用蒸馏水刷洗后，倒去水分，置于无尘处使其自然干燥。可用安装斜木钉的架子或有透气孔的柜子放置玻璃仪器。

（2）烘干。

洗净的玻璃仪器倒去水分，置于 105～120 ℃电烘箱内烘干，也可在红外灯干燥箱中烘干。称量用的称量瓶等在烘干后要放在干燥器中冷却和保存。厚壁玻璃仪器烘干时，要注意使烘箱温度慢慢上升，不能直接置于温度高的烘箱内，以免烘裂。玻璃量器不可放在烘箱中烘干。

（3）热（冷）风吹干。

对于急于干燥或不适于放入烘箱的玻璃仪器可采用吹干的方法。通常是用少量乙醇或丙酮、乙醚将玻璃仪器荡洗，荡洗剂回收，然后用电吹风机吹，开始时用冷风吹，当大部分溶剂挥发后再用热风吹至完全干燥，再用冷风吹去残余的蒸气，使其不再冷凝在容器内。此法要求通风好，防止中毒，且不可有明火，以防有机溶剂蒸气燃烧爆炸。

1.1.4　玻璃仪器的管理

对于实验室中常用玻璃仪器应本着方便、实用、安全、整洁的原则进行管理。

(1)建立购进、借出、破损登记制度。

(2)仪器应按种类、规格顺序存放,并尽可能倒置存放,既可自然控干,又能防尘,如烧杯等可直接倒扣于实验柜内,锥形瓶、烧瓶、量筒等可在柜子的隔板上钻孔,将仪器倒插于孔中,或插在木钉上。

(3)实验用完的玻璃仪器要及时洗净干燥,放回原处。

(4)移液管洗净后置于防尘的盒中或移液管架上。

(5)滴定管用毕,倒去内装溶液,用蒸馏水冲洗之后注满蒸馏水,上盖玻璃短试管或塑料套管,也可倒置夹于滴定管架的夹上。

(6)比色皿用毕洗净,倒放在铺有滤纸的小磁盘中,晾干后存放在比色皿盒中。

(7)带磨口塞的仪器,如容量瓶、比色管等最好在清洗前用线或橡皮筋将瓶塞拴好,以免磨口混错而漏水。需要长期保存的磨口玻璃仪器要在塞间垫一片纸,以免日久粘住。

磨口活塞(瓶塞)打不开时,如用力拧会拧碎。若凡士林等油状物质粘住活塞,可以用电吹风机或微火慢慢加热使油类黏度降低,熔化后用木器轻敲塞子打开。因仪器长期不用或尘土等将活塞粘住,可将其浸泡在水中,或在磨口缝隙处滴加几滴渗透力强的液体,如石油醚等溶剂或表面活性剂溶液,过一段时间有可能打开。若碱性物质粘住活塞,可将器皿放于水中加热至沸腾,再用木棒轻敲塞子打开。内有试剂的瓶塞打不开时,若瓶内是腐蚀性试剂如浓硫酸等,要在瓶外放好塑料桶以防瓶子破裂,操作者还应注意安全,佩戴必要的防护用具,脸部不应与瓶口靠近。打开有毒蒸气的瓶口(如液溴)要在通风柜中操作。对于因结晶或碱金属盐沉积、碱粘住的瓶塞,把瓶口泡在水中或稀盐酸中,经过一段时间有可能打开。

(8)成套仪器,如索氏提取器、蒸馏水装置、凯氏定氮仪等,用完后立即洗净,成套放在专用的包装盒中保存。

1.1.5 简单的玻璃加工操作与玻璃器皿刻记号

实验室中经常要使用一些小件玻璃仪器及零件,如滴管、玻棒、毛细管等,如能自己动手制作,既经济又方便。因此,实验人员掌握一些简单的玻璃加工技术是很必要的。

1. 喷灯

加工玻璃常用煤气或天然气喷灯,外层通煤气或天然气,中心通压缩空气或氧气加空气,气体流量用开关调节。如果没有煤气,可用酒精喷灯,温度可达到 1 000 ℃,可用于加工简单零件。

2. 玻璃管的切割方法

加工前把玻璃管洗净、干燥,切割玻璃管常用以下两种方法。

(1)冷割。

直径小于 25 mm 玻璃管均可采用,先用扁锉或三角锉、砂轮片、金刚钻等划一个深痕,并用手指沾水或用湿布擦一下,两手紧握玻璃管,向两边并向下拉折,即可折断。为防止扎破手,握玻璃管时可垫布操作。注意掌握划痕与拉力方向,以获平整截面。

(2)热爆。

适用于管径粗、管壁厚、切割长度短的玻璃。其方法是:在需要切割的玻璃管处划痕,另取一段直径为 3~4 mm 的玻璃棒,一端在小火焰中烧成红色熔珠状,迅速放于划痕处,待熔珠硬化,立即以嘴吹气或滴一滴水在划痕上,使之骤冷,玻璃管即可爆断。

3. 拉制滴管、弯曲玻璃管、拉毛细管

(1)拉制滴管。

截取直径为 8 mm 左右的管子一段,两手握住玻璃管的两端,在玻管要拉细处先用文火均匀预热,再加快熔融,并不断地转动玻璃管,当玻璃管发黄变软时,移离火焰并两手向两边缓慢地边拉边旋转玻璃管至所需长度,直至玻璃完全变硬方能停止转动。拉出的细管和原管要在同一轴线上,然后用锉刀截断。再将玻璃管另一端在火上烧熔,然后在石棉板(网)上轻压一下,使玻璃管端卷边且变大些,便于套住橡皮头。

灼热的玻璃管应放在石棉网上冷却,不要放在桌上,以免烧焦桌面。不要用手触摸,以免烫伤。

(2)弯曲玻璃管。

先将玻璃管用小火预热一下,然后双手持玻璃管把要弯曲处放在氧化焰中,增大玻璃管的受热面积,缓慢而均匀地转动玻璃管,两手用力要均匀,以免玻璃管在火焰中扭曲,加热至玻璃管发黄变软时从火焰中移出,稍等 1~2 s 使各部位温度均匀,准确地把玻璃管弯成所需的角度。弯出的管子要求内侧不瘪,两侧不鼓,角度正确,不偏歪。弯好后,待玻璃管冷却变硬之后放在石棉网上继续冷却。

(3)拉毛细管。

取一段直径为 10 mm、壁厚为 1 mm 左右的玻璃管,按照(2)的方法在火焰上加热,当烧至发黄变软时移出火焰,两手握住玻璃管来回转动,同时向水平方向两边拉开,开始缓慢,然后加快,拉成直径为 1 mm 左右的毛细管。将合格的毛细管用锉刀轻锉一下,用手分成小段,两端再在火焰边缘用小火烧封,冷却后保存于试管内,使用时从中间截开。将不适用的毛细管或玻璃管在火焰中反复对折熔拉若干次后,再拉成 1~2 mm 粗细,截成小段,保存于瓶中,可作为蒸馏时防爆沸用的沸石代用品。

4. 玻璃器皿刻记号

(1)氢氟酸腐蚀法。

在要做记号(写字)的玻璃处刷上一层蜡,适用的蜡是蜂蜡或地蜡。用针刻字,滴上体积分数为 50%~60%的氢氟酸或用浸过氢氟酸的纸片敷在刻痕上,放置 10 min。也可将少许氟化钙粉涂于刻痕上,滴上一滴浓硫酸,放置 20 min。然后用水洗去腐蚀剂,除去蜡层。用水玻璃调和一些锌白或软锰矿粉涂上,可使刻痕着色易见。

氢氟酸的腐蚀性极大,氟化钙遇酸也生成氢氟酸,如不慎侵入皮肤,可到达骨骼,剧痛难治。因此,操作时要佩戴防护罩及塑料(或橡胶)防护手套,如氢氟酸沾到皮肤上要立即用大量水冲洗后浸泡在冰镇的体积分数为 70%的乙醇或体积比为 1∶1 的氯化苄烷铵的水或乙醇冰镇溶液中。

(2)扩散着色法(铜红法)。

铜红扩散配方如下:

硫酸铜	2 g	糊精粉	0.45 g	胶水	0.33 g
硝酸银	1 g	甘油	0.18 g	纯碱	0.24 g
锌粉	0.15 g	水	0.78 g		

用此配方配制的浆料在玻璃上写字，然后进行热处理。普通料玻璃在 450~480 ℃，硬料玻璃在 500~550 ℃烘 20 min，使铜红原料扩散到玻璃中，冷却后洗去渣子即可呈现清晰字迹。

1.1.6 石英玻璃器皿与玛瑙研钵

1. 石英玻璃器皿

石英玻璃的化学成分是二氧化硅，由于原料不同分为透明、半透明和不透明的熔融石英玻璃。透明石英玻璃是用天然无色透明的水晶高温熔炼而成。半透明石英玻璃是由天然纯净的脉石英或石英砂制成，因其含有许多熔炼时未排净的气泡而呈半透明状。透明石英玻璃的理化性能优于半透明石英玻璃，主要用于制造玻璃仪器及光学仪器。

石英玻璃的线膨胀系数很小($5.5\times10^{-7}K^{-1}$)，只为特硬玻璃的 1/5。因此它能耐急冷急热，将透明的石英玻璃烧至红热，放到冷水中也不会炸裂。石英玻璃的软化温度为 1 650 ℃，具有耐高温性能。石英玻璃含二氧化硅量在 99.95%以上，纯度很高，具有良好的透明度。它的耐酸性能非常好，除氢氟酸和磷酸外，任何浓度的酸甚至在高温下都极少和石英玻璃作用。但石英玻璃不能耐氢氟酸的腐蚀，磷酸在 150 ℃以上也能与其作用，强碱溶液包括碱金属碳酸盐也能腐蚀石英。石英玻璃仪器外表上与玻璃仪器相似，无色透明，比玻璃仪器价格贵、易脆、易破碎，使用时须特别小心，通常与玻璃仪器分别存放，妥善保管。

石英玻璃仪器常用于高纯物质的分析及痕量金属的分析，不会引入碱金属。常用的石英玻璃仪器有石英烧杯、蒸发皿、石英舟、石英管、石英比色皿、石英蒸馏器及石英棱镜透镜等。

2. 玛瑙研钵

玛瑙是一种贵重的矿物质，是石英的隐晶质集合体的一种，除主要成分二氧化硅外，还含有少量的铝、铁、钙、镁、锰等的氧化物。它的硬度大，与很多化学试剂不起作用，主要用于研磨各种物质。

玛瑙研钵不能受热，不可在烘箱中烘烤，也不能与氢氟酸接触。

使用玛瑙研钵时，遇到大块物料或结晶体要轻轻压碎后再行研磨。硬度过大、粒度过粗的物质最好不要在玛瑙研钵中研磨，以免损坏其表面。使用后，研钵要用水洗净，必要时可用稀盐酸清洗或用氯化钠研磨，也可用脱脂棉蘸无水乙醇擦净。

1.2 化学实验室使用的非玻璃器皿及其他用品

1.2.1 塑料器皿

塑料是高分子材料的一种，在实验室中常作为金属、木材、玻璃等材料的代用品。

1. 聚乙烯和聚丙烯器皿

聚乙烯可分为低密度、中密度、高密度三种。低密度聚乙烯软化点为 100 ℃，中密度聚乙烯软化点为 127~130 ℃，高密度聚乙烯软化点为 125 ℃。聚乙烯短时间可使用到 100 ℃，能耐一般酸碱腐蚀，不溶于一般有机溶剂，但能被氧化性酸慢慢侵蚀，与脂肪烃、芳香烃和卤代烷长时间接触能溶胀。聚丙烯塑料比聚乙烯硬，熔点约为 170 ℃，最高使用温度约为 130 ℃，120 ℃以下可以连续使用，与大多数介质不发生反应，但受浓硫酸、浓硝酸、溴水及其他强氧化剂慢慢侵蚀，硫化氢和氨会被吸附。实验室常用聚乙烯和聚丙烯器皿储存蒸馏水、标准溶液和某些试剂溶液，比玻璃容器优越，尤其多用于微量元素分析。

聚乙烯和聚丙烯实验用器皿见表 1-11。

表 1-11　聚乙烯和聚丙烯实验用器皿

名称	规格	名称	规格
塑料桶/L	1,5,10,20,25	漏斗 ϕ/mm	75
试剂瓶/mL	60,180,250,500,1 000	洗瓶/mL	250,500,1 000
烧杯/mL	50,100,250,500,1 000		

2. 氟塑料器皿

实验室用氟塑料器皿是氟树脂挤出吹塑加工而成的容器，它们具有耐高低温、耐腐蚀、耐有机溶剂、防粘、透明、高纯度、无毒、不易破碎等特点。聚四氟乙烯的电绝缘性能好，并能切削加工。在 415 ℃以上急剧分解，并放出有毒的全氟异丁烯气体。

氟塑料器皿主要用作低温实验、微量金属分析和储存超纯试剂，广泛用于地质、冶金、原子能、环保、电子、生物、医学、化学、化工等超纯化学分析实验室。

氟塑料器皿可反复进行高气压或化学消毒，但消毒前应松开或拧下瓶盖以防容器变形，不能超过使用温度范围，也绝不能在明火或热板上加热。

氟塑料实验室器皿见表 1-12。

表 1-12　氟塑料实验室器皿

名称	型号	规格/mL
洗涂瓶	SLXP-500	500
管形瓶	SLGP-7、SLGP-15	7,15
滴液瓶	SLDP-60	60
窄口瓶	SLZP-60、SLZP-500、SLZP-1000	60,500,1 000
烧杯	SLSB-10、SLSB-30、 SLSB-50~SLSB-1000	10,30 50~1 000
坩埚		30,50,100
搅拌子①	B150、B180、B263、B220、A250、 A300、B300	
搅拌浆	100-19、250-19、500-24、3000-34	

①B 为棒形；A 为枣核形。

1.2.2 滤纸、滤膜与试纸

1. 滤纸

滤纸主要分为定性滤纸和定量滤纸两种。定量滤纸经过盐酸和氢氟酸处理，灰分很少，小于0.1 mg，适用于定量分析。定性滤纸灰分较多，供一般的定性分析和分离使用，不能用于定量分析。此外，还有用于色谱分析的层析滤纸。国产滤纸的型号与性质见表1-13。

表1-13 国产滤纸的型号与性质

分类与标志		型号	灰分/(mg·张$^{-1}$)	孔径/μm	过滤物晶形	适应过滤的沉淀	相对应的砂芯玻璃坩埚号
定量	快速(黑色或白色纸带)	201	<0.10	80~120	胶状沉淀物	$Fe(OH)_3$ $Al(OH)_3$ H_2SiO_3	G-1 G-2 可抽滤稀胶体
	中速(蓝色纸带)	202	<0.10	30~50	一般结晶形沉淀	SiO_2 $MgNH_4PO_4$ $ZnCO_3$	G-3 可抽滤粗晶形沉淀
	慢速(红色或橙色纸带)	203	<0.10	1~3	较细结晶形沉淀	$BaSO_4$ CaC_2O_4 $PbSO_4$	G-4 G-5 可抽滤细晶形沉淀
定性	快速(黑色或白色纸带)	101	0.2或0.15以下	>80	无机物沉淀的过滤分离及有机物重结晶的过滤		—
	中速(蓝色纸带)	102	0.2或0.15以下	>50			
	慢速(红色或橙色纸带)	103	0.2或0.15以下	>3			

注：层析用定性滤纸301型和311型为快速；302型和312型为中速；303型和313型为慢速；
层析用定量滤纸401型和411型为快速；402型和412型为中速；403型和413型为慢速。

2. 滤膜

滤膜是由醋酸纤维、硝酸纤维或聚乙烯、聚酰胺、聚碳酸酯、聚丙烯、聚四氟乙烯等高分子材料制作的。聚四氟乙烯滤膜耐热、耐碱、耐有机溶剂，性能最好。用滤膜代替滤纸过滤水样有如下优点。

①孔径较小，且均匀。

②孔隙率高,流速快,不易堵塞,过滤容量大。

③滤膜较薄,是惰性材料,过滤吸附少。

④自身含杂质少,对滤液影响较小。

目前,国际上通常采用孔径为 0.45 μm 的滤膜作为分离可过滤态与颗粒态(不可过滤态)的介质。能通过孔径为 0.45 μm 滤膜的定义为可过滤态,它包括水样中的真溶液和部分胶体成分;被阻留在滤膜上的部分定义为颗粒态。实验表明,国产滤膜的性能与国外产品的性能无显著差异。滤膜一般呈圆形,其直径有 2 cm、5 cm、7 cm、9 cm 等。常用滤膜的型号、种类、规格和性质见表 1-14。

表 1-14 常用滤膜的型号、种类、规格和性质

型号	种类	规格/μm	性质
AX Celotate	醋酸纤维素	0.2~1.00	耐酸、耐碱,可用于细菌过滤,可加热消毒
MF WX	混合纤维素	0.5~5.0	耐稀酸、稀碱,适用于水溶液、油类等
FM SM113	硝酸纤维素	0.2~0.8 0.01~12.0	耐烃类,适用于水溶液、油类
—	聚碳酸酯	0.5~1.2	耐酸、部分有机溶剂和水溶液
—	聚乙烯	—	耐酸、碱,不耐温
4Fp-3 Fluoropore	聚四氟乙烯	30 0.2~3.0	耐酸、碱,耐热
尼龙 66	F-66	0.2~2.0	耐任何溶剂

3. 试纸

在检验分析中经常使用试纸代替试剂,这能给操作带来很大的方便。通常使用的试纸有 pH 试纸、指示剂试纸及试剂试纸。

(1)pH 试纸。

国产 pH 试纸分为广域 pH 试纸和精密 pH 试纸两种,见表 1-15 和表 1-16。

表 1-15 广域 pH 试纸

pH 变色范围	显色反应间隔	pH 变色范围	显色反应间隔
1~10	1	1~14	1
1~12	1	9~14	1

表 1-16　精密 pH 试纸

pH 变色范围	显色反应间隔	pH 变色范围	显色反应间隔	pH 变色范围	显色反应间隔
0.5~5.0	0.5	1.7~3.3	0.2	7.2~8.8	0.2
1~4	0.5	2.7~4.7	0.2	7.6~8.5	0.2
1~10	0.5	3.8~5.4	0.2	8.2~9.7	0.2
4~10	0.5	5.0~6.6	0.2	8.2~10.0	0.2
5.5~9.0	0.5	5.3~7.0	0.2	8.9~10.0	0.2
9~14	0.5	5.4~7.0	0.2	9.5~13.0	0.2
0.1~1.2	0.5	5.5~9.0	0.2	10.0~12.0	0.2
0.8~2.4	0.5	6.4~8.0	0.2	12.4~14.0	0.2
1.4~3.0	0.5	6.9~8.4	0.2		

(2)指示剂试纸和试剂试纸。

常用的指示剂试纸及其制备方法和用途见表 1-17。

表 1-17　常用的指示剂试纸及其制备方法和用途

试纸名称	制备方法	用途
酚酞试纸(白色)	酚酞 1 g 溶解于 100 mL 95%(体积分数)乙醇中,摇荡,同时加水 100 mL,将滤纸放入浸湿后,取出置于无氨气处晾干	在碱性介质中呈红色,pH 变色范围为 8.2~10.0,无色变红色
刚果红试纸(红色)	刚果红燃料 0.5 g 溶解于 1 L 水中,加入乙酸 5 滴,滤纸用热溶液浸湿后晾干	pH 变色范围为 3.0~5.2,蓝色变红色
金莲橙 CO 试纸	将金莲橙 CO 5 g 溶解在 100 mL 水中,浸泡滤纸后晾干,开始为深黄色,晾干后变成鲜明的黄色	pH 变色范围为 1.3~3.2,红色变黄色
姜黄试纸(黄色)	取姜黄 0.5 g 在暗处用 4 mL 乙醇浸润,不断摇荡(不能全溶),将溶液倾出,然后用 12 mL 乙醇与 1 mL 水混合液稀释,将滤纸浸入制成试纸,保存于黑暗处密闭器皿中(此试纸较易失效,最好用新制的)	与碱作用变成棕色,与硼酸作用干燥后呈红棕色,pH 变色范围为 7.4~9.2,黄色变棕红色
乙酸铅试纸(白色)	将滤纸浸于 10%乙酸铅溶液中,取出后在无硫化氢处晾干	检验痕量的硫化氢,作用时变成黑色
硝酸银试纸	将滤纸浸于 25%的硝酸银溶液中,保存在棕色瓶中	检验硫化氢,作用时显黑色斑点
氧化汞试纸	将滤纸浸入 3%氯化汞乙醇溶液中,取出后晾干	比色法测砷

续表 1-17

试纸名称	制备方法	用途
溴化汞试纸	取溴化汞 1.25 g 溶于 25 mL 乙醇中，将滤纸浸入 1 h 后，取出于暗处晾干，保存于密闭的棕色瓶中	比色法测砷
氯化钯试纸	将滤纸浸入 0.2%氯化钯溶液中，干燥后再浸于 5%（体积分数）乙酸中，晾干	与二氧化碳作用呈黑色
溴化钾-荧光黄试纸	荧光黄 0.2 g、溴化钾 30 g、氢氧化钾 2 g 及碳酸钠 2 g 溶于 100 mL 水中，将滤纸浸入溶液后，晾干	与卤素作用呈红色
乙酸联苯胺试纸	乙酸铜 2.86 g 溶于 1 L 水中，与饱和乙酸联苯胺溶液 475 mL 及水 525 mL 混合，将滤纸浸入后，晾干	与氰化氢作用呈蓝色
碘化钾-淀粉试纸（白色）	于 100 mL 新配制的 0.5%（质量分数）淀粉溶液中，加入碘化钾 0.2 g，将滤纸放入该溶液中浸透，取出于暗处晾干，保存在密闭的棕色瓶中	检验氧化剂如卤素等，作用时变蓝
碘酸钾-淀粉试纸	将碘酸钾 1.07 g 溶于 100 mL 0.05 mol/L H_2SO_4 中，加入新配制的 0.5%（质量分数）淀粉溶液 100 mL，将滤纸浸入后晾干	检验一氧化氮、二氧化硫等还原性气体，作用时呈蓝色
玫瑰红酸钠试纸	将滤纸浸于 0.2%（质量分数）玫瑰红酸钠溶液中，取出晾干，应用前新制	检验锶，作用时生成红色斑点
铁氰化钾及亚铁氰化钾试纸	将滤纸浸于饱和铁氰化钾（或亚铁氰化钾）溶液中，取出晾干	与亚铁离子（或铁离子）作用呈蓝色
石蕊试纸	用热乙醇处理市售石蕊以除去夹杂的红色素，残渣 1 份与 6 份水浸煮并不断摇荡，滤去不溶物，将滤液分成两份，一份加稀磷酸或稀硫酸至变红，另一份加稀氢氧化钠至变蓝，然后以这两种溶液分别浸湿滤纸后，在没有酸碱性气体的房间内晾干	在碱性溶液中变蓝，在酸性溶液中变红

1.2.3 金属器皿

1. 铂器皿

铂又称白金，价格较黄金贵，由于它有许多优良的性质，尽管出现了各种代用品，但许多分析工作仍然离不开铂。铂的熔点高达 1 774 ℃，化学性质稳定，在空气中灼烧后不起化学变化，也不吸收水分，太多数化学试剂对它无侵蚀作用，耐氢氟酸性能好，能耐熔融的碱金属碳酸盐。因而常用于沉淀灼烧称重、氢氟酸溶样及碳酸盐的熔融处理。铂坩埚适用于灼烧沉淀。铂制小舟、铂丝圈用于有机分析灼烧样品。铂丝、铂片常用于电化学分析中的电极，以及铂铑电热电偶等。

铂器皿的使用应遵守下列规则。

（1）铂的领取、使用、消耗和回收都要有严格的制度。

（2）铂质软，即使含有少量铱铑的合金也较软，所以拿取铂器皿时勿太用力，以免变形。不能用玻璃棒等尖锐物体从铂器皿中刮出物料，以免损伤其内壁，也不能将热的铂器皿骤然放入冷水中冷却。

（3）铂器皿在加热时，不能与任何其他金属接触，因为在高温下铂易于与其他金属生成合金。所以，铂坩埚必须放在铂三脚架上或陶瓷、黏土、石英等材料的支持物上灼烧，也可放在垫有石棉板的电热板或电炉上加热，不能直接与铁板或电炉丝接触。所用的坩埚钳子应该包有铂头，镍的或不锈钢的钳子只能在低温时使用。

（4）下列物质能直接侵蚀或在其他物质共存下侵蚀铂，在使用铂器皿时，应避免与这些物质接触：

①易被还原的金属和非金属及其化合物，如银、汞、铅、铋、锑、锡和铜的盐类在高温下易被还原成金属，与铂形成合金；硫化物和砷、磷的化合物可被滤纸、有机物或还原性气体还原，生成脆性磷化铂及硫化铂等。

②固体碱金属氧化物和氢氧化物，氧化钡，碱金属的硝酸盐、亚硝酸盐，氰化物等，在加热或熔融时对铂有腐蚀性。碳酸钠、碳酸钾和硼酸钠可以在铂器皿中熔融，但碳酸锂不能。

③卤素及可能产生卤素的混合溶液，如王水、盐酸与氧化剂（高锰酸盐、铬酸盐、二氧化锰等）的混合物，三氯化二铁溶液能与铂发生作用。

④碳在高温时与铂作用形成碳化铂，铂器皿用火焰加热时，只能用不发光的氧化焰，不能与带烟或发亮的还原火焰接触，以免形成碳化铂而变脆。

⑤成分和性质不明的物质不能在铂器皿中加热或处理。

⑥铂器皿应保持内外清洁和光亮。经长久灼烧后，由于结晶的关系，外表可能变灰，必须及时清洗，否则日久会深入内部使铂器皿变脆。

（5）铂器皿清洗。

若铂器皿有斑点，可先用盐酸或硝酸单独处理。如果无效，可用焦硫酸钾于铂器皿中在较低温度熔融 5~10 min，把熔融物倒掉，再将铂器皿在盐酸溶液中浸煮。若仍无效，可再试用碳酸钠熔融处理，也可用潮湿的细砂轻轻摩擦处理。

2. 其他金属(金、银、镍、铁等)器皿

(1)金器皿。

金器皿不受碱金属氢氧化物和氢氟酸的侵蚀,价格较铂便宜,常用来代替铂器皿,但它的熔点较低(1 063 ℃),故不能耐高温灼烧,一般须低于 700 ℃。硝酸铵对金有明显的侵蚀作用,王水也不能与金器皿接触。金器皿的使用注意事项与铂器皿基本相同。

(2)银器皿。

银器皿价廉,也不受氢氧化钾(钠)的侵蚀,在熔融此类物质时仅在接近空气的边缘处略有腐蚀。银的熔点为 960 ℃,不能在火上直接加热。加热后表面生成一层氧化银,在高温下不稳定,在 200 ℃以下稳定。银易与硫作用,生成硫化银,故不能在银坩埚中分解和灼烧含硫的物质,不能使用碱性硫化试剂。熔融状态的铝、锌、锡、铅、汞等金属盐都能使银坩埚变脆。银坩埚不可用于熔融硼砂。浸取熔融物时不可使用酸,特别不能使用浓酸。银坩埚的质量经灼烧会变化,故不适于沉淀的称量。

(3)镍坩埚。

镍的熔点为 1 450 ℃,在空气中灼烧易被氧化,所以镍坩埚不能用于灼烧和称量沉淀。它具有良好的抗碱性物质侵蚀的性能,故在实验室中主要用于碱性熔剂的熔融处理。

氢氧化钠、碳酸钠等碱性熔剂可在镍坩埚中熔融,其熔融温度一般不超过 700 ℃。氧化钠也可在镍坩埚中熔融,但温度要低于 500 ℃,时间要短,否则侵蚀严重。酸性熔剂和含硫化物熔剂不能用镍坩埚。若要熔融含硫化合物时,应在过量的过氧化钠氧化环境下进行。熔融状态的铝、锌、锡、铅等金属盐能使镍坩埚变脆。银、汞、钒的化合物和硼砂等也不能在镍坩埚中灼烧。

新的镍坩埚在使用前应在 700 ℃灼烧数分钟,以除去油污并使其表面生成氧化膜,处理后的坩埚应呈暗绿色或灰黑色。以后,每次使用前用水煮沸洗涤,必要时可滴加少量盐酸稍煮片刻,用蒸馏水洗涤烘干使用。

(4)铁坩埚。

铁坩埚的使用与镍坩埚相似,它没有镍坩埚耐用,但价格便宜,较适用于过氧化钠熔融,以代替镍坩埚。铁坩埚中常含有硅及其他杂质,也可用低硅钢坩埚代替。铁坩埚或低硅钢坩埚在使用前应进行钝化处理,先用稀盐酸清洗,然后用细砂纸轻擦,并用热水冲洗,放入5%(体积分数)硫酸和 1%(体积分数)硝酸混合溶液中浸泡数分钟,再用水洗净、干燥,于 300~400 ℃灼烧 10 min。

常用熔剂所适用的坩埚见表 1-18。

表 1-18 常用熔剂所适用的坩埚

熔剂种类	适用坩埚							熔剂种类	适用坩埚						
	铂	铁	镍	银	瓷	刚玉	石英		铂	铁	镍	银	瓷	刚玉	石英
无水碳酸钠	+	+	+	−	−	+	−	2 份无水碳酸钠+4 份过氧化钠	−	+	+	+	−	+	−

续表 1-18

熔剂种类	适用坩埚							熔剂种类	适用坩埚						
	铂	铁	镍	银	瓷	刚玉	石英		铂	铁	镍	银	瓷	刚玉	石英
碳酸氢钠	+	+	+	-	-	+	-	氢氧化钾(钠)	-	+	+	+	-	-	-
1 份无水碳酸钠+1 份无水碳酸钾	+	+	+	-	-	+	-	6 份氢氧化钠(钾)+0.5 份硝酸钠(钾)	-	+	+	+	-	-	-
6 份无水碳酸钾+0.5 份硝酸钾	+	+	+	-	-	+	-	氰化钾	-	-	-	-	+	+	+
3 份无水碳酸钠+2 份硼酸钠熔融,研成细粉	+	-	-	-	+	+	+	1 份碳酸钠+1 份硫黄	-	-	-	-	-	+	+
2 份无水碳酸钠+2 份氧化镁	+	+	+	-	+	+	+	硫酸氢钾焦硫酸钾	+	-	-	-	+	-	+
2 份无水碳酸钠+2 份氧化镁	+	+	+	-	+	+	+	1 份氟氢化钾+10 份焦硫酸钾氧化硼	+	-	-	-	-	-	-
4 份碳酸钾+1 份酒石酸钾	+	-		-	+	+	-	氧化硼	+	-	-	-	-	-	-
过氧化钠	-	+	+	-	-	+	-	硫代硫酸钠	-	-	-	-	+		+
5 份过氧化钠+1 份无水碳酸钠	-	+	+	+	-	+	-	1.5 份无水硫酸钠+1 份硫酸	-	-	-	-	+	+	+

注:“+”表示适用;“-”表示不适用。

1.2.4 瓷器皿与刚玉器皿

1. 瓷器皿

实验室所用瓷器皿实际上是上釉的陶器,它的熔点较高(1 410 ℃),可耐高温灼烧,如瓷坩埚可以加热至 1 200 ℃,灼烧后其质量变化很小,故常用于灼烧沉淀与称量。

瓷的热膨胀系数为$(3\sim4)\times10^{-6}K^{-1}$。厚壁瓷器皿在高温蒸发和灼烧操作中,应避免温度的突然变化和加热不均匀现象,以防破裂。瓷器皿对酸碱等化学试剂的稳定性较玻璃器皿好,然而同样不能与氢氟酸接触。瓷器皿机械性能较强,而且价格便宜。因此实验室中应用了较多化学瓷器皿。根据它的功能大体可分为四类:耐高温器皿、过滤器皿、研磨器皿和比色器皿。常用瓷器皿的名称、规格、主要用途和使用注意事项见表 1-19。

2. 刚玉器皿

天然的刚玉几乎是纯的三氧化二铝。人造刚玉是由纯的三氧化二铝经高温烧结而成。刚玉的熔点为 2 045 ℃,可耐高温(1 500~1 550 ℃),硬度大,对酸碱有相当的抗腐蚀能力。刚玉坩埚可用于某些碱性熔剂的熔融和烧结,但温度不应过高,且时间要尽量短,在某些情况下可以代替镍、铂坩埚,但在测定铝和铝对测定有干扰的情况下不能使用。

表 1-19　常用瓷器皿的名称、规格、主要用途和使用注意事项

类别	名称	规格	主要用途	使用注意事项
耐高温器皿	坩埚	容量/mL 95 瓷坩埚:5,10,15,20,25,30,50,100,150,200,300 细孔坩埚:25,30,50 挥发性坩埚:20,25	用来灼烧沉淀;处理样品。上釉坩埚可加热到 1 050 ℃;不上釉坩埚可加热到 1 350 ℃	不可进行高温碱熔和焦硫酸盐熔,不可放入氢氟酸。在用作定量分析之前要做灼烧失重空白实验
	蒸发皿	容量/mL 无柄:35,50,60,75,100,150,200,250,300,400,500,750,1 000,2 000,3 000,5 000 有柄:100,150,200,250,300,400,500,700,1 000	蒸发与浓缩液体;500 ℃以下灼烧物料	隔石棉网加热
	燃烧管	长×外径×内径/mm:600×21×17,600×25×20,600×27×23	盛放固体物质放在电炉中进行高温加热,如燃烧法测定 C、H、S 等元素	
	燃烧舟	烧船(长度)/mm:72,77,88,95,97 方船(长×宽×高)/mm;60×30×15,120×60×30	盛放样品放于燃烧管中进行高温反应	
过滤器皿	布氏漏斗	外径/mm:25,40,50,60,80,100,120,150,200,250,300	加液和过滤	
	海氏漏斗	上口径/mm:30,50,78,94,103		
研磨器皿	研钵	直径/mm 普通型:60,80,100,150,190 深型:100,120,150,180,205	研磨硬度不大的固体物料	不能用杵敲击,不能研磨氯酸钾等强氧化剂,或氯酸钾与强还原剂红磷等混合物
比色器皿	点滴板	孔数:6,8(分白色、黑色两种)	用于化学分析呈色或沉淀点滴	有色沉淀用白色点滴板,白色或黄色沉淀用黑色点滴板
	白瓷板	长×宽×厚/mm:152×152×5	垫于滴定台上,有利于辨别颜色的变化	

1.2.5　实验室常用的其他用品(灯、架、夹、塞、管、刷、浴、筛等)

1. 煤气灯

煤气灯是以天然气或石油气为燃料的加热器具。煤气灯温度可达 1 000~1 200 ℃,可供加热、灼烧、焰色实验、简单玻璃加工等。

煤气灯的式样有多种,但构造原理基本相同,都是由灯座、灯管组成。灯管上部有螺纹和几个圆孔,螺纹用来与灯座连接,圆孔是空气入口,用橡胶管与煤气源相连。

正常的灯焰分三层:内层为焰心,温度最低;中层显蓝色,称还原焰,温度较高;外层为氧化焰,温度最高。

使用注意事项如下:

①点火时,先关闭空气,边通入煤气边点火。点火后再调节空气量,使火焰分为三层。

②煤气量太大时,火焰呈黄色,煤气燃烧不完全,火焰中含有炭粒,火焰温度不高;煤气量太小,则会发生火焰入侵至灯管内,将灯管烧红,遇到这种情况应及时关闭煤气,待灯管冷却后重新点火调节。

③煤气中通常含有一氧化碳,有毒。应注意经常检查煤气管道等设备有无漏气现象。检查时,用肥皂水涂在可疑处,看是否有肥皂泡产生。绝不可用直接点火实验的方法。

④使用煤气灯时,周围不得有易燃、易爆等危险物品。使用煤气灯的台面最好是水磨石材质,若在木台面上使用煤气灯,必须垫石棉布或石棉板。

⑤点燃煤气灯后实验室不能离开人。煤气管禁止与地线连接。

2. 酒精灯和酒精喷灯

酒精灯结构简单,使用方便,但温度较低。酒精喷灯有坐式、吊式和立式三种,温度达800~900 ℃,按加热方式可分为直热式和旁热式两种。在没有煤气设备的实验室,常用酒精灯和酒精喷灯代替。

使用注意事项如下:

①酒精灯和酒精喷灯都以乙醇为燃料,灯内的乙醇量不能超过其总容积的2/3。加乙醇时一定要先灭火,并且等冷却后再进行,周围绝不可有明火。如不慎将乙醇洒在灯的外部,一定要擦拭干净后才能点火。

②点火时绝不允许用一个灯去点燃另一个灯。

③酒精喷灯点火时,先在引火碗内加入少量的乙醇,点燃,以使酒精喷灯内的乙醇气化。当引火碗内的乙醇快燃尽时,喷嘴处即开始喷火,然后用上下调火调节,待合适后将其固定。

④灭火时,酒精灯一定要用灯帽盖灭,不要用嘴去吹。盖灭后,把盖子打开一下,再盖好即可。酒精喷灯灭火是用打开阀门的方法,待酒精喷灯熄灭并全部冷却后再将阀门关紧。

⑤酒精喷灯在正常工作时,灯内乙醇蒸气压强最高可达60 kPa。灯身各部位耐压一般达190 kPa,可保证正常安全工作。使用过程中若喷嘴堵塞,点不着火,则应检查原因,以免引起灯身崩裂,造成事故。如果发现乙醇罐底部鼓起时,应立即停止使用。

⑥灯芯一般每年更换一次。

3. 水浴锅

当被加热的物体要求受热均匀且温度不超过100 ℃时,可用水浴加热。水浴锅通常用铜或铝制作,有多个不同大小的套圈和小盖,适于放置不同规格的器皿。注意不能把水浴锅烧干,也不可将水浴锅当作沙盘使用。多孔电热恒温水浴使用更为方便。水浴锅还可用于油浴。

4. 铁台架

铁环和铁三脚架用于固定和放置反应容器,铁环上放石棉网可用于放被加热的烧杯等。

在铁三脚架上，垫石棉网或泥三角，可用于加热或灼烧操作。

5. 泥三角和石棉网

泥三角由套有瓷管或陶土管的铁丝弯成，用于灼烧坩埚。

石棉网是一块铁丝网，中间铺有石棉，有大小之分。由于石棉是热的不良导体，它能使物体受热均匀，不至于造成局部过热。使用时注意不能与水、酸、碱接触。规格有 14 cm×14 cm、15 cm×15 cm、20 cm×20 cm、25 cm×25 cm 等。

6. 双顶丝和万能夹

双顶丝用来将万能夹固定在铁架台的垂直圆铁杆上。万能夹用于夹住烧瓶或冷凝管等玻璃仪器。万能夹头部可以旋转不同角度，便于调节被夹物的位置。其头部套有耐热橡胶管或垫有石棉绳，以免夹碎玻璃仪器。自由夹头部不能旋转。

7. 烧杯夹

烧杯夹用于夹取热的烧杯，由不锈钢制成，头部绕有石棉绳。

8. 试管夹

试管夹主要用来夹住试管进行加热。

9. 坩埚钳

坩埚钳主要用于夹持坩埚及钳取蒸发皿。长柄坩埚钳用于在高温炉内取放坩埚。坩埚钳多为铁制，表面常镀铬。使用坩埚钳时要注意不能沾上酸等腐蚀性物质。为了保持头部清洁，放置时钳头应朝上。

10. 滴定台和滴定管夹

滴定台又称滴定管架，在底板中央有支杆。铁制底板上常铺有乳白色玻璃面或大理石板面，以便滴定时容易观察颜色变化。

滴定管夹又称蝴蝶夹，它可紧固在滴定台的支杆上，依靠弹簧的作用可以方便夹住滴定管。滴定管夹与滴定管接触处要套上橡胶管。滴定管要调整到合适的高度及垂直位置。

11. 移液管架。

移液管架用木、塑料或有机玻璃等制成，有多种形状，如横放的梯形移液管架，竖放的圆形移液管架，用于放置各种规格洗净的移液管和吸量管。

12. 漏斗架。

漏斗架为木或塑料制品，包括底座、支杆、漏斗隔板和固定螺丝等几部分。隔板的高度可以任意调节，有两孔和四孔之分。

13. 试管架和比色管架

试管架为木制或由金属制成。比色管架为木制。有不同孔径及孔数规格的制品，供放置不同规格的试管与比色管用。有的比色管架底板上装有玻璃，易于比色。

14. 螺旋夹和弹簧夹

有金属镀锌的、不锈钢的或有机玻璃的等。一般用于夹紧橡胶管，螺旋夹用于需要调节流出液体或气体流量的场合。

15. 打孔器

打孔器为一组直径不同的金属管,分四支套和六支套两种。一端有柄便于紧握与挤压旋转,另一端是边缘锋利的金属管,用于橡胶塞或软木塞钻孔。钻孔时用手按住手柄,边旋转边向下钻,可涂水或肥皂水以增加润滑。软木塞在钻孔前先用压塞机压一下。大批塞子的钻孔可用手摇钻孔器。打孔器不可用锤子敲打钻孔。

16. 橡胶塞和软木塞塑料塞

常用橡胶塞和软木塞的规格见表 1-20。

表 1-20 常用橡胶塞和软木塞的规格

橡胶塞				软木塞			橡胶塞				软木塞		
大端直径/mm	小端直径/mm	轴向高度/mm	估算质量/(个·kg^{-1})	大端直径/mm	小端直径/mm	轴向高度/mm	大端直径/mm	小端直径/mm	轴向高度/mm	估算质量/(个·kg^{-1})	大端直径/mm	小端直径/mm	轴向高度/mm
12.5	8	17	588	15	12	15	37	30	30	26	30	24	30
15	11	20	277	16	13	15	41	33	30	49.5	32	26	30
17	13	24	151	18	14	15	45	37	30	59.5	34	27	30
19	14	26	115	19	16	15	50	42	32	80	36	28	30
20	16	26	100	21	17	17	56	46	34	110	38	30	30
24	18	26	74	23	19	19	62	51	36	142			
26	20	28	55	24	20	19	69	56	38	176			
27	23	28	47	26	22	25	75	62	39	230			
32	26	28	35	28	24	30	81	68	40	276			

17. 橡胶管

常用橡胶管和医用乳胶管的规格见表 1-21。

表 1-21 常用橡胶管和医用乳胶管的规格

mm

普通橡胶管						医用乳胶管	
外径	壁厚	外径	壁厚	外径	壁厚	外径	内径
8	1.5	21	2.5	40	4	6	4
12	2	25	3	48	5	7	5
14	2.25	29	3.5			9	6
17.5	2.25	32	3.5				

18. **毛刷**

常用毛刷的品种和规格见表 1-22。

表 1-22 常用毛刷的品种和规格

mm

品种	全长	毛长	直径	品种	全长	毛长	直径	品种	全长	毛长	直径
试管刷	160	60	10	烧杯刷	170		27	滴管刷	600	120	10
	230	75	13	三角瓶刷	210		30		600	120	12
	250	80	14	瓶刷	180	60	60		850	120	15
	250	80	18		220	80	80		850	120	22
	230	75	19		240	100	100	离心管刷	150	40	15
	250	80	22		260	120	120		200	50	20
	240	75	25		300	90	90	吸管刷	420	115	6
	250	100	32		500	130	90		420	120	4
					700	150	100	拉管刷	850	150	15

19. **常用维修工具**

常用的维修工具见表 1-23。

表 1-23 常用的维修工具

名称	规格	名称	规格	名称	规格
台钳	钳口宽 65 mm	锉刀	形式:扁锉、圆锉、半圆锉、木锉 长 150 mm、200 mm 8 件或 12 件(套)	钢锯条	长 300 mm
克丝钳	长 150 mm、200 mm			电烙铁	内热式,25 W、50 W
尖嘴钳	长 150 mm			电工刀	
扁嘴钳	长 150 mm			剪刀	
活扳手	长 300 mm、250 mm、150 mm、100 mm 开口宽 36 mm、30 mm、19 mm、14 mm	什锦锉	8 件或 12 件(套)	电钻	
		套扳手	重 0.5 kg	万用表	
		锤子	2 m	验电笔	
		钢卷尺	调节式		
螺丝刀	平头 75 mm、100 mm、150 mm 十字 70 mm、100 mm、150 mm	钢锯架			

20. **水浴、油浴、空气浴与沙浴**

21. **标准筛**

常用标准筛对照见表 1-24。

表 1-24　常用标准筛对照

国际标准 ISO	美国筛制			中国药典筛标准	国际标准 ISO	美国筛制			中国药典筛标准
标准筛名	替代筛名①	筛孔大小 /mm	经线直径 /mm		标准筛名	替代筛名①	筛孔大小 /mm	经线直径 /mm	
11.2 mm	7/16 in	11.2	2.45		300 μm	No. 50	0.297	0.215	
8.00 mm	5/16 in	8.00	2.07		250 μm	No. 60	0.250	0.180	四号筛
5.60 mm	No. 3.5	5.60	1.87		210 μm	No. 70	0.210	0.152	
4.75 mm	No. 4	4.76	1.54		180 μm	No. 80	0.177	0.131	五号筛
4.00 mm	No. 5	4.00	1.37		(154 μm)				六号筛
3.35 mm	No. 6	3.36	1.23		150 μm	No. 100	0.149	0.110	七号筛
2.80 mm	No. 7	2.83	1.10		125 μm	No. 120	0.125	0.091	
2.38 mm	No. 8	2.38	1.00		106 μm	No. 140	0.105	0.076	
2.00 mm	No. 10	2.00	0.900	一号筛	(100 μm)				八号筛
1.40 mm	No. 14	1.41	0.725		90 μm	No. 170	0.088	0.064	
1.00 mm	No. 18	1.00	0.580		75 μm	No. 200	0.074	0.053	
841 μm	No. 20	0.841	0.510		(71 μm)				九号筛
700 μm	No. 25	0.707	0.450	二号筛	63 μm	No. 230	0.063	0.044	
595 μm	No. 30	0.595	0.390		53 μm	No. 270	0.053	0.037	
500 μm	No. 35	0.500	0.340		44 μm	No. 325	0.044	0.030	
425 μm	No. 40	0.420	0.290		37 μm	No. 400	0.037	0.025	
355 μm	No. 45	0.354	0.247	三号筛					

①1 in＝0.025 4 m；No. 100 即 100 目。

1.3　化学实验室用水

在实验中，水是不可缺少的、必须用的物质。天然水和自来水存在很多杂质，如 Na^+、K^+、Ca^{2+}、Mg^{2+}、Fe^{3+} 等阳离子，CO_3^{2-}、SO_4^{2-}、Cl^- 等阴离子，某些有机物质，泥沙、灰尘、细菌、微生物和藻类、浮游生物，以及水中溶解气体等，不能直接用于实验工作。必须根据实验的要求将水纯化后才能使用。

实验用水又称纯水。制备实验用水的方法很多，通常用蒸馏法、离子交换法、电渗析法等，下面分别做简单介绍。

1.3.1　蒸馏法制备实验室用水

蒸馏水是利用水与水中杂质的沸点不同，用蒸馏法制得的纯水。用于制备蒸馏水的蒸馏水器式样很多，现在多采用内加热式蒸馏器代替用电炉、煤气或煤炉等外加热式的蒸馏方法。实验室用的蒸馏器通常是用玻璃或金属制造的。蒸馏水中仍含有一些微量杂质，原因有两个方面：

①二氧化碳及某些低沸点易挥发物，随水蒸气带入蒸馏水中。

②冷凝管、蒸馏器、容器的材料成分微量地带入蒸馏水中。

化学分析用水，通常是经过一次蒸馏而得，称为一次(级)蒸馏水。有些化学分析要求须经二次(或三次)蒸馏而得的二次(或三次)蒸馏水。对于高纯物分析，必须用高纯水。为此，可以增加蒸馏次数，减慢蒸馏速度，弃去头尾蒸出水，以及采用特殊材料如石英、银、铂、聚四氟乙烯等制作的蒸馏器皿，可制得高纯水。高纯水不能储于玻璃容器中，而应储于有机玻璃、聚乙烯塑料或石英容器中。

蒸馏器皿常用的是玻璃制品，市场上很容易买到一次或二次玻璃蒸馏水器，适宜于一般中小实验室使用。蒸馏法制备实验用水，设备简单、操作方便、广泛地被实验室采用。工厂蒸汽副产物的蒸馏水，由于设备及工艺等原因，往往不能直接用于实验室用水，需要进一步纯化处理才能使用。

1.3.2 离子交换法制备实验室用水

用离子交换法制得的实验用水常称去离子水或离子交换水。此法的优点是操作与设备均不复杂，出水量大，成本低。在大量用水的场合有替代蒸馏法制备纯水的趋势。离子交换法能除去原水中绝大部分盐、碱和游离酸，但不能完全除去有机物和非电解质。因此，要获得既无电解质又无微生物等杂质的纯水，还需将离子交换水再进行蒸馏。为了除去非电解质杂质和减少离子交换树脂的再生处理频率，提高交换树脂的利用率，最好利用市售的普通蒸馏水或电渗水代替原水，进行离子交换处理而制备去离子水。离子交换法制备纯水，仍是目前实验室常用的方法。

1. 离子交换树脂及交换原理

离子交换树脂是一种高分子化合物，通常为半透明的浅黄、黄或棕色球状物。它不溶于水、酸、碱及盐，对有机溶剂、氧化剂、还原剂等化学试剂也具有一定的稳定性，对热也较稳定。离子交换树脂具有交换容量高、机械强度好、膨胀性小、可以长期使用等优点。在离子交换树脂网状结构的骨架上，有许多可以与溶液中的离子起交换作用的活性基团。根据活性基团的不同，分阳离子交换树脂和阴离子交换树脂两类。在阳离子交换树脂中又有强酸性阳离子交换树脂，如聚苯乙烯磺酸型树脂 $R—SO_3H$(如国产 732 型树脂)和弱酸性阳离子交换树脂。阴离子交换树脂也分为强碱性阴离子交换树脂，如聚苯乙烯季铵盐树脂 $R—N(CH_3)_3OH$(如国产 717 型、711 型)和弱碱性阴离子交换树脂，如聚苯乙烯仲胺型树脂 $R—N(CH_3)_2$(如国产 710A、710B 型)。

当水流过装有离子交换树脂的交换器时，水中的杂质阳离子被交换于离子交换树脂上，树脂上可交换的阳离子 H^+被置换到水中，并与水中的阴离子组成无机酸。其反应式如下：

$$R—SO_3^-H^+ + \begin{matrix} Na^+ \\ K^+ \\ \frac{1}{2}Ca^{2+} \end{matrix} \; \begin{matrix} SO_4^{2-} \\ Cl^- \\ NO_3^- \end{matrix} \rightleftharpoons R—SO_3^- \begin{matrix} Na^+ \\ K^+ \\ \frac{1}{2}Ca^{2+} \end{matrix} + H^+ \; \begin{matrix} SO_4^{2-} \\ Cl^- \\ NO_3^- \end{matrix}$$

(树脂相)　　　(水相)　　　(树脂相)　　　(水相)

有无机酸的水再通过季胺型阴离子交换树脂($R—NMe_3OH$)层时，水中的阴离子被树脂吸附，树脂上可交换阴离子 OH^-被置换到水中，并与水中的 H^+结合成水，其反应式如下：

$$R—NMe_3^+OH^- + H^+\begin{matrix} SO_4^{2-} \\ Cl^- \\ NO_3^- \\ HCO_3^- \end{matrix} \rightleftharpoons R—NMe_3^+\begin{matrix} \frac{1}{2}SO_4^{2-} \\ Cl^- \\ NO_3^- \\ HCO_3^- \end{matrix} + H_2O$$

（树脂相）（水相）　（树脂相）（水相）

通过上述的离子交换过程，即可制得纯度较高的去离子水。

2. 离子交换装置

市场上已有成套的离子交换纯水器出售。实验室亦可用简易的离子交换柱制备纯水。交换柱常用玻璃、有机玻璃或聚乙烯管材制成，进、出水管和阀门最好也用聚乙烯制成，也可用橡皮管加上弹簧夹。简单的交换柱可用酸式滴定管装入交换树脂制成，在滴定管下部塞上玻璃棉，均匀地装入一定高度的树脂就构成了一个简单的离子交换柱。通常树脂层高度与柱内径之比要大于5∶1。

自来水通过阳离子交换柱(简称阳柱)除去阳离子，再通过阴离子交换柱(简称阴柱)除去阴离子，流出的水即可做实验用水。但它的水质不太好，pH常大于7。为了提高水质，再串联一个阳、阴离子交换树脂混合的"混合柱"，就可得到较好的实验用水。

离子交换制备实验用水的流程分为单床、复床(阳柱、阴柱)、混合床等几种。若选用阳柱加阴柱的复床，再串联混合床系统制备的纯水能很好地满足各种实验工作对水质的要求。

3. 离子交换树脂的预处理、装柱和再生

(1)离子交换树脂的预处理。

购买的离子交换树脂是工业产品，常含有未参与缩聚或加聚反应的低分子物质和高分子组分的分解产物、副反应产物等。当这种树脂与水、酸、碱溶液接触时，上述有机杂质(磺酸、胺类等)会进入水或溶液中。离子交换树脂中还会含有微量的铁、铅、铜等金属离子。因此，新的离子交换树脂在使用前必须进行预处理，除去杂质，并转变成所需要的形式。

阳离子交换树脂的预处理方法是将其置于塑料容器中，用清水漂洗，直至排水清晰为止。用水浸泡12~24 h，使其充分膨胀。如为干树脂，应先用饱和氯化钠溶液浸泡，再逐步稀释氯化钠溶液，以免树脂突然膨胀而破碎。用树脂体积2倍量的2%~5%(体积分数)的HCl浸泡树脂2~4 h，并经常搅拌，也可将树脂装入柱中，用动态法使酸液以一定流速流过树脂层，然后用纯水自上而下洗涤树脂，直至流出液pH近似为4，用2%~5%(质量分数)的NaOH处理，再用水洗至微碱性。然后一次用5%(体积分数)的HCl流洗，使离子交换树脂变为氢型，最后用纯水洗至pH约为4，同时检验无Cl^-即可。pH可用精密pH试纸检测。氯离子可用硝酸银检查至无氯化银白色沉淀。

阴离子交换树脂的预处理步骤基本上与阳离子交换树脂相同，只是在用NaOH处理时，可用5%~8%(质量分数)的NaOH流洗，其用量会增加一些。使树脂变为OH型后，不要再用HCl处理。

若使用少量离子交换树脂时，在用水漂洗后可增加用95%的乙醇溶液浸泡树脂24 h，以除去醇溶性杂质。

(2)装柱方法。

交换柱先洗去油污杂质,用去离子水冲洗干净,在交换柱底部装入少量玻璃棉,装入半柱水,然后将树脂和水一起倒入交换柱中。装柱时,应注意柱中的水不能流干,否则树脂极易形成气泡影响交换柱效率,从而影响出水量。装树脂量,单柱装入柱高的 2/3,混合柱装入柱高的 3/5,阳离子交换树脂与阴离子交换树脂的比例为 2 ∶ 1。制取纯水选用 20~40 目离子交换树脂为好。

(3)树脂的再生。

离子交换树脂使用一定时间以后,树脂已达到饱和交换容量,阳柱出水可检出阳离子,阴柱出水可检出阴离子,混合柱出水电导率不合格,表明树脂已经失去交换能力。失效的阳(阴)离子交换树脂可用酸(碱)再生处理,重新将树脂转变为氢型或氢氧型,可以重复使用。

阳离子交换树脂的再生方法如下。

①逆洗。将自来水从交换柱底部通入,废水从顶部排出,将被压紧的树脂变松,洗去树脂碎粒及其他杂质,排除树脂层内的气泡,以利于树脂再生,洗至水清澈通常需 15~30 min。逆洗后,从下部放水至液面高出树脂层面 10 cm 处。

②酸洗。用 4%~5%(体积分数)的 HCl 水溶液(取 1 体积 35%浓 HCl,加入 6 体积水)500 mL,从柱的顶部加入,控制流速,流洗 30~45 min,HCl 的用量与柱的大小有关。

③正洗。将自来水从柱顶部通入,废水从柱下端流出,控制流速约为二倍酸洗的流速。洗至 pH 为 3~4 时,用精密 pH 试纸测试,用铬黑 T 检验应无阳离子。需正洗 20~30 min。

精密 pH 试纸最好先用 pH 计校验,以免指示不准确,造成阳柱中 HCl 未洗净或正洗时间太长,用水量太大。

阴柱再生方法如下。

①逆洗。将自来水连接于阴柱下端,靠自来水的压力通入阴柱,与阳柱再生相似。

②碱洗。将 5%(质量分数)NaOH 溶液 700 mL 从柱顶部加入,控制一定流速,使碱液在 1~1.5 h 加完。NaOH 溶液用量与柱的大小有关。

③正洗。从柱顶部通入去离子水,下端放出废水,流速约为碱洗时的 2 倍,洗至 pH 为 11~12 时,用硝酸银溶液检验应无氯离子。

以上所有操作均不可将柱中的水放至树脂层面以下,以免树脂间产生气泡。

(4)混柱的柱内再生方法。

①逆洗分层。从柱的下端通入自来水,将树脂悬浮起来,利用阴、阳离子树脂的密度不同,将树脂分层。两种树脂颜色不同,有一个明显的分界面。阴离子树脂在上层,阳离子树脂在下层。如果树脂分层不好,是树脂未完全失效,氢型和氢氧型两者间密度相差较小的原因。可在分层前先通入部分 NaOH 溶液,再逆洗分层,效果较好。

②再生阴离子树脂。自上而下地加入 5%(质量分数)的 NaOH 溶液,经过阳离子树脂层,从底部排出废液。

③正洗。用去离子水洗净树脂层,至出水 pH 为 9~11。

④再生阳离子树脂。从进酸管中通入 5%(体积分数)的 HCl 溶液,下端排出废液。为防止 HCl 上溢使再生的阴离子树脂失效,可同时从上面通入一定量的去离子水,使其平衡。由于去离子水的稀释作用,HCl 再生液的浓度要适当提高。另一种方法是将水放至阴阳离子树脂分界处时,HCl 再生液从阳离子树脂层上方加入,但不要使 HCl 渗入到阴离子树

脂层。

⑤正洗。从进酸口或从柱上部通入去离子水,下端排出废液,洗至出水 pH 为 4~5。

⑥混合。阴阳离子交换树脂分别再生后,洗去再生液,可使用抽真空混合法使阴阳离子交换树脂充分混合。从混合柱下部流进去离子水至树脂界面层上 15~20 cm 处,再把连接缓冲瓶的真空泵抽气口接于柱的顶端。真空抽气时,除柱下端阀门打开外,其余出口全部关闭。由柱下端打开的阀门吸入空气,凭借空气的鼓动作用,将树脂翻动混合,混合约 5 min。树脂混合均匀后,柱上端接通大气,关闭真空泵,立即快速地从柱下端排除柱内的水,迫使树脂迅速降落,避免重新分层。

⑦正洗及产水。按照制取去离子水的流程,以阳柱-阴柱-混合柱的次序连接好管路,从阳柱进原水,正洗各柱。用电导仪不断地监测流出水质,电阻率达 0.5 MΩ·cm 以上时,流出水即可供一般实验使用。连接水质自动报警系统,当水质不合格时会发出报警信号,同时停止出水。

在间歇地接取纯水时,开始 15 min 流出的水质不高,应弃去。另外,出水流速应控制适当,流速过低,出水水质较差;流速过高,交换反应进行不完全,也使出水水质降低,且易穿透树脂层。

离子交换柱若长期不使用会滋生细菌,污染离子交换柱,特别是气温较高的夏季更应注意。

1.3.3 电渗析法制纯水

在电渗析器的阳极板和阴极板之间交替平行放置若干张阴离子交换膜和阳离子交换膜,膜间保持一定间距形成隔室,在通直流电后水中离子定向迁移,阳离子移向负极,阴离子移向正极,阳离子只能透过阳离子交换膜,阴离子只能透过阴离子交换膜。在电渗析过程中能除去水中电解质杂质,但对弱电解质去除效率低。电渗析法常用于海水淡化,不适用于单独制取实验纯水。与离子交换法联用,可制得较好的实验用纯水。电渗析法的特点是设备可以自动化,节省人力,仅消耗电能,不消耗酸碱,不产生废液等。

1.3.4 超纯水的制备

在原子光谱、高效液相色谱、放化分析、超纯物质分析、痕量物质等的某些实验中,需要用超纯水。

1. 超纯水制备

(1)加入少量高锰酸钾的水源,用玻璃蒸馏装置进行二次蒸馏,再以全石英蒸馏器进行蒸馏,收集于石英容器中,可得超纯水。

(2)使用强酸型阳离子和强碱型阴离子交换树脂柱的混合床或串联柱,可充分除去水中的阳、阴离子,其电阻率达 10^7 Ω·cm,俗称去离子水,再用全石英蒸馏器进行蒸馏,收集可得超纯水。

2. 超纯水的台式装置

如用 Millipore 公司生产的 Miui-QPlus 型超纯水制备装置可制得不含有机物、无机物、微粒固体和微生物的超纯水。

将蒸馏法、离子交换法或电渗析法制备的纯水作为制备超纯水的水源。由齿轮泵将水送入纯化柱,纯化柱由四个填充柱组成(内填活性炭、阴阳离子交换树脂、超滤膜、无菌滤膜等物),纯化后的水经电阻传感器可连续监测纯化水的电阻率值,其电阻率值为 1~18 MΩ·cm,任意可调,最后经过孔径为 0.22 μm 的过滤器,除去 0.22 μm 以上的微粒及微生物。整个装置由内装微机控制,液晶显示工作条件,每分钟可制 1.5 L 电阻率为 10~15 MΩ·cm 的超纯水,其总有机碳量小于 10 μg/L,微生物含量小于 1 mL,重金属含量小于 1 μg/L。

3. 高纯水的储存问题

水的储存过程中会侵蚀容器壁引入杂质,吸收大气中的灰尘及由于微生物作用而变质。例如,离子交换装置的水储存以后会有异味,纯水长期存放后会出现絮状微生物霉菌菌株。无论是用玻璃还是塑料容器在长期储存中,容器壁释放的杂质污染纯水是不可忽视的问题,故高纯水最好在临用前制备。

1.3.5 水的纯化流程

水的纯化是一个多级过程,每一级都除掉一定种类的杂质,为下一级纯化做准备。下面简单介绍纯化水的各步工序的原理及一般工艺,以便实际工作者根据源水的水质和用水的要求确定选用合适的流程。

1. 高纯水制备的典型工艺流程

高纯水制备的典型工艺流程如下:

源水→过滤→活性炭过滤器(或有机大孔树脂吸附器)→反渗透器(或电渗析器)→阳离子交换柱→阴离子交换柱→混合离子交换柱→有机物吸附柱→紫外灯杀菌器→精密过滤器→高纯水。

高纯水的制备流程由预处理、脱盐和后处理三部分组成,根据用水的要求选择合适的工艺组合。

(1)预处理。

主要是除去悬浮物、有机物,常用的方法有砂滤、膜过滤、活性炭吸附等。

(2)脱盐。

主要是除去各种盐类,常用的方法有电渗析、反渗透、离子交换等。

(3)后处理。

主要是除去细菌、微颗粒,常用的方法有紫外杀菌、臭氧杀菌、超过滤、微孔过滤等。

2. 活性炭

活性炭是水纯化中广泛使用的吸附剂,有粒状和粉状两种结构,在活化过程中晶格间生成很多微孔,比表面积为 500~1 500 cm^2/g,吸附能力很强。活性炭能吸附相当多的无机物和有机物,氯比有机物更易被活性炭吸附。活性炭对有机物的吸附有选择性,易于吸附的有机物有芳香溶剂、氯代芳香烃、酚和氯酚、四氯化碳、农药、高分子染料等。

在高纯水的制备过程中,活性炭吸附柱可放在阳离子交换柱之前,用于除去氧化性物质和有机物,保护离子交换床。要防止活性炭粉末污染纯水系统,在后面要加微孔过滤器。

活性炭的使用方法:粉状活性炭用清水浸泡,清洗,装柱,用 3 倍体积的 3%(体积分数)

的 HCl 和 4%(质量分数)的 NaOH 动态交替处理 1~3 次(流速为 18~21 m/h),每次处理后均淋洗至中性。进水应先除去悬浮物和胶体。失效的活性炭可在 540~960 ℃再生。

3. 离子交换法

参见 1.3.2 节和 1.3.4 节。

4. 电渗析

参见 1.3.3 节。

5. 反渗析

在对溶剂有选择性透过功能的膜两侧有浓度不同的溶液,当两侧静压力相等时,若溶液浓度不相等,其渗透压不相等,溶液会从稀溶液侧透过膜到浓溶液侧,这种现象称为渗透(渗析)现象。当膜两侧的静压力差大于浓溶液的渗透压差时,溶液会从浓溶液的一侧透过膜流到稀溶液的一侧,这种现象称为反渗透现象。反渗透也是一种膜分离技术。反渗透分离物质的粒径为 0.001~0.01 μm。一般为分子量小于 500 的分子。操作压力为 1~10 MPa。反渗透膜一般为表面与内部构造不同的非对称膜,有无机膜(玻璃中空纤维素膜)与有机膜(醋酸纤维素膜及非醋酸纤维素膜,如聚酰胺膜等)两大类。

在纯水的制备技术中,广泛采用反渗透作为预脱盐的主要工序,其脱盐率在 90%以上,可减轻离子交换树脂的负荷,反渗透能有效地除去细菌等微生物及铁、锰、硅等无机物,因而可减轻这些杂质引起的离子交换树脂的污染。其缺点是装置价格费用较贵,需要高压泵与高压管路,源水只有 50%~75%被利用。

6. 紫外线杀菌

微生物能污染纯水系统,因此,应经常进行杀菌以防止微生物的生长。灭菌的方法有加药法(加甲醛、次氯酸钠、双氧水等)、紫外光照射等。紫外光照射可以抑制细菌繁殖,并可杀死细菌,杀菌速度快、效率高,效果好,在高纯水制备中已广泛应用。紫外杀菌装置采用低压汞灯、石英套管,低压汞灯的辐射光谱能量集中在杀菌力最强的 253.7 μm,在杀菌器后安装滤膜孔径小于 0.45 μm 的过滤器,以滤除细菌尸体。因为绝大部分细菌或细菌尸体的直径大于 0.45 μm。

7. 各种水处理工艺除去水中杂质能力的比较

各种水处理工艺除去水中杂质的能力见表 1-25。

表 1-25 各种水处理工艺除去水中杂质的能力

工艺	过滤	活性炭大孔树脂吸附	电渗析	反渗析	复床	离子交换	紫外杀菌	膜过滤	超过滤	蒸馏
悬浮物	好									
胶体(>0.1 μm)		一般	好	很好				好	很好	很好
胶体(<0.1 μm)			好	很好				一般	很好	很好
胶体(>0.2 μm)		一般		很好						

续表 1-25

工艺	过滤	活性炭大孔树脂吸附	电渗析	反渗析	复床	离子交换	紫外杀菌	膜过滤	超过滤	蒸馏
低分子量有机物		好		好	一般	一般		一般		
高分子量有机物	一般	好	一般	很好	一般	一般		很好		
无机物			很好	很好	很好	很好				很好
微生物		一般					好	很好	好	很好
细菌		一般					很好	很好	很好	很好
热原质①							好		好	很好

①热原质:在注入人体和某些动物体内后可使体温增加的一组物质,一般认为来源于微生物的多糖。

1.3.6 石英亚沸高纯水蒸馏器

石英亚沸高纯水蒸馏器是现代化仪器(如气相色谱、高效液相色谱、化学电离质谱、无焰原子吸收光谱、核磁共振、电子探针等)进行痕量元素及微量有机物测定时不可缺少的配套仪器,它能大大降低空白值,从而提高方法的灵敏度和准确性。它是采用石英玻璃制造的,不但耐高温,而且是在不到沸点的低温下蒸馏,因而水质极高。它具有以下特点:

①金属杂质单项含量为蒸馏水一次提纯不大于 5×10^{-9},多次提纯极限含量不大于 5×10^{-12}。

②电导率,一次提纯为 0.08×10^{-6} S·cm^{-1}(25 ℃);三次提纯为 0.059×10^{-6} S·cm^{-1}(25 ℃)。

③普通自来水,高纯水出水量为 1 200~1 500 mL/h。

④在提纯过程中因冷凝空间温度高(>200 ℃)可制取无菌无热超纯水。

1.3.7 特殊要求的实验室用水的制备

1. 无氯水

加入亚硫酸钠等还原剂,将自来水中的余氯还原为氯离子,以 N-二乙基对苯二胺(DPD)检查不显色。然后用附有缓冲球的全玻璃蒸馏器进行蒸馏制取无氯水。

2. 无氨水

向水中加入硫酸至其 pH 小于 2,使水中各种形态的氨或胺最终都变成不挥发的盐类,用全玻璃蒸馏器进行蒸馏,即可制得无氨纯水(注意避免实验室空气中氨的污染,应在无氨气的实验室中进行蒸馏)。

3. 无二氧化碳水

(1)煮沸法。

将蒸馏水或去离子水煮沸至少 10 min(水多时),或使水量蒸发 10%以上(水少时),加盖放冷即可制得无二氧化碳水。

(2)曝气法。

将惰性气体或纯氮通入蒸馏水或去离子水至饱和,即得无二氧化碳水。制得的无二氧化碳水应储存于一个附有碱石灰管的橡皮塞盖严的瓶中。

4. 无砷水

一般蒸馏水或去离子水都能达到基本无砷的要求。应注意避免使用软质玻璃(钠钙玻璃)制成的蒸馏器、树脂管和储水瓶。进行痕量砷的分析时,必须使用石英蒸馏器和聚乙烯的离子交换树脂柱管和储水瓶。

5. 无铅(无重金属)水

用氢型强酸性阳离子交换树脂柱处理源水,即可制得无铅(无重金属)的纯水。储水器应预先进行无铅处理,用6 mol/L 硝酸溶液浸泡过夜后,以无铅水洗净。

6. 无酚水

向水中加入氢氧化钠至 pH 大于11,使水中酚生成不挥发的酚钠后,用全玻璃蒸馏器蒸馏制得(蒸馏之前,可同时加入少量高锰酸钾溶液使水呈紫红色,再进行蒸馏)。

7. 不含有机物的蒸馏水

加入少量高锰酸钾的碱性溶液于水中,使其呈红紫色,再以全玻璃蒸馏器进行蒸馏即得不含有机物的蒸馏水。在整个蒸馏过程中,应始终保持水呈红紫色,否则应随时补加高锰酸钾。

1.3.8 实验用水的质量要求、储存和使用

1. 分析实验室用水规格

根据国家标准《分析实验室用水规格和实验方法》(GB/T 6682—2008)规定,分析实验室用水分为三个等级:一级水、二级水和三级水。各种级别的实验室用水,级别越高,要求储存条件越严格,成本越高,应根据要求合理使用。

一级水用于有严格要求的分析实验,包括对悬浮颗粒有要求的实验,如高压液相色谱分析用水。一级水可用二级水经过石英设备蒸馏或离子交换混合床处理后,再经 0.2 μm 微孔滤膜过滤来制取。

二级水用于无机痕量分析等实验,如原子吸收光谱分析用水。二级水可用多次蒸馏或离子交换等方法制取。

三级水用于一般化学分析实验,可用蒸馏或离子交换等方法制取。

分析实验室用水的技术要求见表 1-26。

表 1-26 分析实验室用水的技术要求

名称	一级	二级	三级
pH 范围(25 ℃)	—	—	5.0~7.5
电导率(25 ℃)/($mS \cdot m^{-1}$)	≤0.01	≤0.10	≤0.50
可氧化物质含量(以 O 计)/($mg \cdot L^{-1}$)	—	≤0.08	≤0.4

续表 1-26

名称	一级	二级	三级
吸光度(254 nm,1 cm 光程)	≤0.001	≤0.01	—
蒸发残渣(105±2 ℃)含量/(mg·L^{-1})	—	≤1.0	≤2.0
可溶性硅(以 SiO_2 计)含量/(mg·L^{-1})	≤0.01	≤0.02	—

注:由于在一级水、二级水的纯度下,难以测定其真实的 pH,因此,对一级水、二级水的 pH 范围不做规定;由于在一级水的纯度下,难以测定可氧化物质和蒸发残渣,对其限量不做规定,可用其他条件和制备方法来保证一级水的质量。

2. 分析实验室用水的容器与储存

各级用水均使用密闭、专用聚乙烯容器。三级水也可使用密闭的、专用玻璃容器。新容器在使用前需用 20%的盐酸溶液浸泡 2~3 d,再用实验用水反复冲洗数次,浸泡 6 h 以上方可使用。

各级用水在储存期间,其沾污的主要来源是容器可溶成分的溶解、空气中的二氧化碳和其他杂质。因此,一级水不可储存,应在临使用前制备。二级水、三级水可适量制备,分别储存于预先经同级水清洗过的相应容器中。

3. 实验用水中残留的金属离子量

各种方法制备的实验用水中残留金属离子的含量见表 1-27。

表 1-27 各种方法制备的实验用水中残留金属离子的含量

残留元素	制备方法					
	自来水用金属制蒸馏器二次蒸馏	蒸馏水用石英制蒸馏器二次蒸馏	蒸馏水用石英制沸腾蒸馏器蒸馏	自来水通过混床式离子交换柱	蒸馏水通过混床式离子交换柱	将反渗透水通过活性炭混床式离子柱、膜滤器
Ag	1	①	0.002		①	0.01
Al	10	0.5			0.1	0.1
B	0.01	①			①	3
Ba			0.01	<0.006		
Ca	50	0.07	0.08	0.02	0.03	1
Cd			0.005			<0.1
Co				<0.002		<0.1
Cr	①	①	0.02	0.02	①	0.1
Cu	50	①	0.01		①	0.2
Fe	0.1	①	0.05	0.02	①	0.2
K			0.09			

续表 1-27

残留元素	制备方法					
	自来水用金属制蒸馏器2次蒸馏	蒸馏水用石英制蒸馏器2次蒸馏	蒸馏水用石英制沸腾蒸馏器蒸馏	自来水通过混床式离子交换柱	蒸馏水通过混床式离子交换柱	将反渗透水通过活性炭混床式离子柱,膜滤器
Mg	8	0.05	0.09	<0.02	0.01	0.5
Mn	0.01	①		<0.02	①	0.05
Mo				<0.02		<0.1
Na			0.06			1
Ni	1	①	0.02	0.002	①	
Pb	50	①	0.008	0.02		0.1
Si	50	5			1	0.5
Sn	5	①	0.02			<0.1
Sr			0.02	<0.06	①	
Te			0.004			
Ti	②	①			①	<0.1
Tl			0.01			
Zn	10	①	0.04	0.06	①	<0.1

注:①未检出;②检出未定量。

1.3.9 实验用水的质量检验

1. pH 检验

取水样 10 mL,加入甲基红 pH 指示剂(变色范围为 pH 4.2~6.2)2 滴,以不显红色为合格;另取水 10 mL,加入溴百里酚蓝(变色范围为 pH 6.0~7.6)5 滴,以不显蓝色为合格。也可用精密 pH 试纸检查或用 pH 计(酸度计)测定其 pH。

2. 电导率的测定

用于一、二级水测定的电导仪,配备电极常数为 0.01~0.1 cm^{-1} 的"在线"电导池,并具有温度自动补偿功能。若电导仪不具备温度补偿功能,可安装"在线"热交换器,使待测水样温度控制在(25±1) ℃。或记录水的温度,按换算公式进行换算。

用于三级水测定的电导仪,配备电极常数为 0.01~1 cm^{-1} 的电导池,并具有温度自动补偿功能。若电导仪不具备温度补偿功能,可安装恒温水浴槽,使待测水样温度控制在(25±1)℃。或记录水的温度,按换算公式进行换算。

当实测的各级水不是 25 ℃时,其电导率可按下式进行换算:

$$K_{25}=k_t(K_t-K_{p,t})+0.005\ 48$$

式中 K_{25}——25 ℃时水样的电导率,mS/m;

K_t——t ℃时水样的电导率,mS/m;

$K_{p,t}$——t ℃时理论纯水的电导率,mS/m;

k_t——换算系数;

0.005 48——25 ℃时理论纯水的电导率，mS/m。

$K_{p,t}$ 和 k_t 可从表 1-28 中查出。

表 1-28　理论纯水的电导率和换算系数

t/℃	k_t	$K_{p\cdot t}$ /(mS·m^{-1})	t/℃	k_t	$K_{p\cdot t}$ /(mS·m^{-1})	t/℃	k_t	$K_{p\cdot t}$ /(mS·m^{-1})
0	1.797 5	0.001 16	17	1.195 4	0.003 49	34	0.847 5	0.008 61
1	1.755 0	0.001 23	18	1.167 9	0.003 70	35	0.835 0	0.009 07
2	1.713 5	0.001 32	19	1.141 2	0.003 91	36	0.823 3	0.009 50
3	1.672 8	0.001 43	20	1.115 5	0.004 18	37	0.812 6	0.009 94
4	1.632 9	0.001 54	21	1.090 6	0.004 41	38	0.802 7	0.010 44
5	1.594 0	0.001 65	22	1.066 7	0.004 66	39	0.793 6	0.010 88
6	1.555 9	0.001 78	23	1.043 6	0.004 90	40	0.785 5	0.011 36
7	1.518 8	0.001 90	24	1.021 3	0.005 19	41	0.778 2	0.011 89
8	1.482 5	0.002 01	25	1.000 0	0.005 48	42	0.771 9	0.012 40
9	1.447 0	0.002 16	26	0.979 5	0.005 78	43	0.766 4	0.012 98
10	1.412 5	0.002 30	27	0.960 0	0.006 07	44	0.761 7	0.013 51
11	1.378 8	0.002 45	28	0.941 3	0.006 40	45	0.758 0	0.014 10
12	1.346 1	0.002 60	29	0.923 4	0.006 74	46	0.755 1	0.014 64
13	1.314 2	0.002 76	30	0.906 5	0.007 12	47	0.753 2	0.015 21
14	1.283 1	0.002 92	31	0.890 4	0.007 49	48	0.752 1	0.015 82
15	1.253 0	0.003 12	32	0.875 3	0.007 84	49	0.751 8	0.016 50
16	1.223 7	0.003 30	33	0.861 0	0.008 22	50	0.752 5	0.017 28

一、二级水的电导率测量是将电导池安装在水处理装置流动出水口处，调节水的流速，去除管道及电导池内的气泡，即可进行测量。

三级水的电导率测量是取 400 mL 水样于锥形瓶中，插入电导池后即可进行测量。

通过测量水的电导率，可以换算出水的总溶解性盐类的含量，带有一定经验性及误差，但仍具有一定的实用价值，可供制备纯水时参考。水的电导率、电阻率与溶解固体含量的关系见表 1-29。

表 1-29　水的电导率、电阻率与溶解固体含量的关系

电导率(25 ℃) /(μS·cm^{-1})	电阻率(25 ℃) /(Ω·cm)	溶解固体 /(mg·L^{-1})	电导率(25 ℃) /(μS·cm^{-1})	电阻率(25 ℃) /(Ω·cm)	溶解固体 /(mg·L^{-1})
0.056	18×10^6	0.028	20.00	5.00×10^4	10
0.100	10×10^6	0.050	40.00	2.50×10^4	20
0.200	5×10^6	0.100	100.00	1.00×10^4	50
0.500	2×10^6	0.250	200.00	5.00×10^3	100
1.00	1×10^6	0.500	400.00	2.50×10^3	200
2.00	0.5×10^6	1.00	1 000	1.00×10^3	500
4.00	0.25×10^5	2.0	1 666	0.60×10^3	833
10.00	0.100×10^6	5.0			

3. 可氧化物质限量实验

量取1 000 mL二级水，注入烧杯中，加入5.0 mL 20%（体积分数，下同）的硫酸溶液，混匀。

量取200 mL三级水，注入烧杯中，加入1.0 mL 20%的硫酸溶液，混匀。

在上述已酸化的试液中分别加入1.00 mL 0.01 mol/L标准溶液，混匀，盖上表面皿，加热至沸并保持5 min，溶液的粉红色不得完全消失。

4. 吸光度的测定

将水样分别注入厚度为1 cm和2 cm的石英吸收池中，在紫外-可见分光光度计上于波长254 nm处以1 cm吸收池中水样为参比，测定2 cm吸收池中水样的吸光度。

如仪器的灵敏度不够，可适当增加测量吸收池的厚度。

5. 蒸发残渣的测定

量取1 000 mL二级水（三级水取500 mL）。将水样分几次加入旋转蒸发器的500 mL蒸馏瓶中，于水浴上减压蒸发（避免蒸干）。待水样最后蒸至约50 mL时，停止加热。

将上述预浓集的水样转移至一个已于（105±2）℃恒重的玻璃蒸发皿中，并用5~10 mL水样分2~3次冲洗蒸馏瓶，将洗液与预浓集水样合并，于水浴上蒸干，并在（105±2）℃的电烘箱中干燥至恒重。

残渣质量不得大于1.0 mg。

6. 可溶性硅的限量实验

量取520 mL一级水（二级水取270 mL），注入铂皿中。在防尘条件下，亚沸蒸发至约20 mL时，停止加热。冷至室温，加入1.0 mL 50 g/L钼酸铵溶液，摇匀。放置5 min后，加入1.0 mL 50 g/L草酸溶液，摇匀。放置1 min后，加入1.0 mL 2 g/L对甲氨基酚硫酸盐溶液，摇匀。转至25 mL比色管中，稀释至刻度，摇匀，于60 ℃水浴中保温10 min。目视比色，试液的蓝色不得深于标准。

标准是取0.50 mL二氧化硅标准溶液（0.01 mg/mL），加入20 mL水样后，从加入1.0 mL钼酸铵溶液起与样品试液同时同样处理。

50 g/L钼酸铵溶液：称取5.0 g钼酸铵[$(NH_4)_6Mo_7O_{24}\cdot 4H_2O$]，加水溶解，加入20.0 mL 20%的硫酸溶液，稀释至100 mL，摇匀，储于聚乙烯瓶中。发现有沉淀时应弃去。

2 g/L对甲氨基酚硫酸盐（米吐尔）溶液：称取0.20 g对甲氨基酚硫酸盐，溶于水，加入20.0 g焦亚硫酸钠，溶解并稀释至100 mL。摇匀，储于聚乙烯瓶中。避光保存，有效期为2周。

50 g/L草酸溶液：称取5.0 g草酸，溶于水并稀释至100 mL。储于聚乙烯瓶中。

1.4 实验须知

化学是建立在实验基础上的学科，化学实验为科学理论的建立和发展提供了依据，因此实验课是学习化学的必修课。通过化学的学习实践，熟悉并掌握化学研究的方法和手段；在验证基本理论的同时，培养动手操作、观察记录、分析归纳、数据处理、撰写报告等多方面的技能与技巧；在实践中提高分析问题和解决问题的能力及作为化学工作者的综合素质。

1.4.1　实验目的

(1)通过实验获得感性知识,使理论知识得到验证,从而加深理解和掌握。

(2)严格基本操作训练,熟练掌握常规仪器的使用方法。

(3)通过实验的准备、操作、观察、记录、报告等过程,锻炼两个能力。

(4)提倡严谨的科学态度和良好的实验作风,积极培养自身的科学素养和习惯。

1.4.2　实验要求及学习方法

(1)实验前要认真预习,明确实验目的和要求,了解实验原理、步骤、方法及安全注意事项。写出预习报告,做到心中有数,有的放矢地进行实验。

(2)进入实验室要穿实验服。不允许光脚或穿拖鞋进入实验室。

(3)实验操作要规范。认真观察实验现象,如实记录。发现问题要善于思考,认真讨论,积极解决。

(4)试剂的取用要规范,公用试剂用毕要放回原处,不得乱拿乱放;瓶塞、滴管、药匙要专用,不得互相替换。固体试剂取用后及时加塞,以防潮解、风化、氧化等影响实验效果。必须严格按照操作规程使用精密仪器,如发现仪器故障应立即停止使用,并及时报告指导教师。

(5)保持实验台面的整洁有序。实验过程中的废液(少量多次的废液,可以先用大烧杯收集)要倒入废液桶,固体垃圾也要定点投放,不要倒入水槽,以防腐蚀和堵塞下水管。

(6)实验结束后,将仪器洗刷干净放回原处,如有破损要及时报损(按规定赔偿)补新。擦净实验台面、药品架、水槽等。值日生负责实验室的全面卫生,并检查水、电、煤气、门窗是否关好等安全事项,经指导教师检查批准后方可离开实验室。

(7)实验室的仪器、药品、材料等未经允许不得带出室外。

(8)根据实验记录及相关资料,认真处理实验数据,独立完成并按时上交实验报告。

总之,学好实验课程要认真做到:预习→听讲→做实验(详细记录)→完成报告。

1.4.3　实验室安全守则

1. 安全须知

(1)对生成有刺激性或有毒气体(如 Cl_2、Br_2、HF、HCl、H_2S、SO_2、NO_2 等)的实验,要在通风橱内进行。嗅闻某种气体时,要用手轻轻将少量气体扇向鼻孔,不能直接嗅闻。

(2)绝对不允许把各种化学药品任意混合,以免发生意外事故。对易燃、易爆品(如乙醇、乙醚、苯、氢气等)的操作要远离明火。点燃氢气等易燃气体必须先检验纯度后才能进行。钾、钠必须保存在煤油中,白磷保存在水中,绝不能暴露在空气中。不能用手直接接触任何化学药品。某些强氧化性药品(如氯酸钾、高锰酸钾等)不能混合研磨,以免引起爆炸。

(3)在加热、蒸发浓缩液体时,不要俯视液体,加热试管时,管口不准对人,以免暴沸喷出,发生意外。

(4)冷却容器时,边搅动边慢慢地加入水中,不能相反,以免局部过热发生暴沸迸溅造成事故。

(5)不能在实验室饮食和吸烟。有毒药品严防进入口内和接触伤口,特别是氰化物、砷化物及重金属化合物等。金属汞容易挥发,汞蒸气进入体内富集会造成汞中毒,所以一旦洒落必须收集起来,无法收集的要用硫黄粉覆盖处理,使其转变为硫化物。每次实验后要认真洗手。

(6)实验中制备的产品和废液要回收。特别是有毒废液要经过处理才能排放。绝不允许将废液倒入水槽。自觉保护环境,消除可能的污染隐患是化学工作者的必备素质。

(7)严禁用燃着的酒精灯做火种点燃其他酒精灯和物品,避免酒精溢出而失火。

(8)水、电、煤气用完后应立即关闭,遇到意外中断更应警惕,防止跑水、煤气泄漏等造成事故。实验结束后必须认真检查才能离开实验室。

2. 意外事故的处理

(1)割伤,伤口涂红药水或紫药水,用创可贴包扎,严重的按压止血后迅速到医院治疗。

(2)烫伤,伤口处涂抹烫伤药膏(京万红等)或凡士林,皮肤破损可涂紫药水。

(3)酸碱溅入眼内或皮肤上,要先用水冲洗,若溅酸用饱和碳酸氢钠溶液或稀氨水冲洗;溅碱用硼酸溶液冲洗。

(4)Br_2 蚀伤,水洗后用甘油涂抹伤口。白磷灼伤可用5%的 $CuSO_4$ 溶液冲洗。

(5)误食毒物后,将几毫升稀硫酸铜溶液倒入温水中内服,然后用手指抠咽部、打背促其呕吐,严重的迅速到医院就诊。

(6)不慎吸入有毒气体后,应迅速到室外或开窗呼吸新鲜空气。

(7)触电,立刻切断电源,必要时进行胸外按压和人工呼吸,禁止使用“强心针”。

(8)起火,要一面灭火,一面防止火势蔓延,如断开电闸、关闭煤气、移走易燃易爆物品等。灭火还要针对起因,小火用湿布、石棉布、沙子覆盖即可。大火可使用(泡沫)灭火器。若电器引起的火灾,只能使用 CO_2 或 CCl_4 灭火器,不能用泡沫灭火器,以免触电。衣服着火,切勿惊慌乱跑,应迅速脱下衣服或就地打滚灭火。

实验室备用药箱:红药水、紫药水、碘酒(或碘酊)、烫伤药膏、创可贴、棉签、脱脂棉、绷带、橡皮膏等。

第 2 章　了解水质分析

2.1　水质分析的任务与技术

2.1.1　水质分析的任务

水是人类生产和生活不可缺少的物质，是人类赖以生存的基本物质，是生命的源泉，也是工农业生产和经济发展不可取代的自然资源和人类社会可持续发展的限制因素。

自然界的水不停地流动和转化，通过降水、径流、渗透和蒸发等方式循环不止，构成水的自然循环，形成各种不同的水源。人类社会为了满足生产和生活的需要，要从各种天然水体中取用大量的水。生活用水和生产用水在使用后，就成为生活污水和工业废水，它们被排出后，最终又流入天然水体，这就构成了水的社会循环。无论在自然循环，还是在社会循环过程中，水中都会被混入溶解性物质、不溶解的悬浮物质、胶体物质和微生物等，所以水总是以某种溶液或浊液状态存在，包含各种各样的杂质。由此可见，水质是水和其中杂质共同表现出来的综合特征。

我国人均水资源量为 2 240 m^3/a，只有世界平均值的 1/4。而在缺水地区，人均水资源量只有我国平均值的几分之一。我国可取用的水资源量为 8 000 亿~9 500 亿 m^3，而用水量约为 5 600 亿 m^3，即水资源利用率已达 60%~70%，用水量已逼近可取用水资源量的极限，而且我国水资源时空分布极不均匀，水污染普遍严重，浪费现象也十分严重，这些因素的综合结果是我国可利用水资源日益短缺。

人类在生产和生活过程中不仅从数量上消耗水资源，而且对水质也带来了不良影响，导致产生各种污染，影响水质安全，特别是生活污水和工业废水中所含的杂质进入天然水体，甚至完全改变天然水体原有的物质平衡状态，破坏人类周围的自然环境，给人类社会的生活和生产带来恶劣的影响。因此，应该采取行之有效的方式合理开发利用所拥有的水资源，并保护水质。但是，世界各地的地面水正在不断地被来自人类生产、生活所排放的污水和工业废水等污染，而且今天被污染的地面水通常又是明天受污染的地下水。目前，在水中已经发现了 2 000 多种化学污染物，在饮用水中已鉴别出数百种污染物。

为了保护水资源，防治水污染，必须加强水环境污染的分析工作，弄清污染物的来源、种类、分布迁移、转化和消长规律，为保护水环境提供水质分析手段和科学依据。此外，生活饮用水、工业用水和农业用水中的杂质及含量都有一定的目标浓度限值。在选择不同用途的用水时，应根据用户对水质的要求，按水质分析结果加以分析判断，以保障供水的安全性。水质分析结果不但可以作为选择用水的依据，而且在水环境评价、水处理工艺设计、污水资源化再生利用及选择水处理设备时也是不可缺少的重要参数。水处理过程中和设备运行时是否达到设计指标，也必须用水质分析结果加以判断和评价。

2.1.2 水质分析技术

1. 水质分析的基本方法

分析水中的杂质、污染物的组分、含量等的方法是多种多样的。由于各种水的水质差别较大,成分复杂,种类繁多,相互干扰,不易准确测定;有的杂质含量甚微,测定困难,所以水质分析有其自身的特点。在水质分析中,主要以分析化学的基本原理为基础,分析化学中的所有分析方法和各种仪器几乎都有应用。其基本方法一般可分为化学分析法和仪器分析法两种。

2. 水质分析中常用的名词术语

(1)校准曲线。

校准曲线是用于描述待测物质的浓度或量与相应仪器的响应量或其他指示量之间定量关系的曲线。校准曲线包括工作曲线(绘制校准曲线的标准溶液的分析步骤与样品的分析步骤完全相同)和标准曲线(绘制校准曲线的标准溶液的分析步骤与样品的分析步骤相比有所省略,如省略样品的前处理)。

在水质分析中,常选用校准曲线的直线部分。某一方法的校准曲线的直线部分所对应的待测物质的浓度或量的变化范围,称为该分析方法的线性范围。

(2)灵敏度。

灵敏度是指某分析方法对单位浓度或单位量待测物质变化所引起的响应量变化的程度。它可以用仪器的响应量或其他指示量与对应的待测物质的浓度或量之比来描述。如分光光度计常以校准曲线的斜率度量灵敏度。一个方法的灵敏度可因实验条件的变化而改变。在一定的实验条件下,灵敏度具有相对的稳定性。

通过校准曲线可以将仪器响应量与待测物质的浓度或量定量地联系起来,可以用下式表示它的直线部分:

$$A=kc+a$$

式中 A——仪器响应值;

c——待测物质的浓度;

a——校准曲线的截距;

k——方法灵敏度,校准曲线的斜率。

(3)空白实验。

空白实验是指用蒸馏水代替试样的分析测定。所加试剂和操作步骤与试样测定完全相同。空白实验应与试样测定同时进行,试样分析时仪器的响应值(如吸光度、峰高等)不仅是试样中待测物质的分析响应值,还包括其他因素,如试剂中杂质、环境及操作过程的沾污等的响应值,这些因素是经常变化的。因此,为了了解它们对试样测定的综合影响,在每次测定时,均做空白实验,空白实验所得的响应值称为空白实验值。空白实验对实验用水有一定的要求,即其中待测物质浓度应低于方法的检出限。当空白实验值偏高时,应全面检查空白实验用水、空白试剂、量器和容器是否沾污、仪器的性能和环境状况等。

(4)检出限。

检出限为某特定分析方法在给定的可靠程度内可以从样品中分析待测物质的最小浓度

或最小量。所谓“检出”是指定性检出，即判定样品中存在浓度高于空白的待测物质。

检出限有几种规定，简述如下：

①分光光度法中规定以扣除空白值后，吸光度为0.01相对应的浓度值为检出限。

②气相色谱法分析的最小检测量是指检测器恰能产生与噪声相区别的响应信号时所需进入色谱柱的物质的最小量。一般认为恰能辨别的相应信号，最小应为噪声的2倍。最小检测浓度是指最小检测量与进样量(体积)之比。

③某些离子选择性电极法规定：当某一方法的标准曲线的直线部分外延的延长线与通过空白电位且平行于浓度轴的直线相交时，其交点所对应的浓度值即为该离子选择性电极法的检出限。

(5)测定限。

测定限为定量范围的两端，分别为测定下限和测定上限。测定下限是指在测定误差能满足预定要求的前提下，用特定的方法能准确地定量测定待测物质的最小浓度或量；测定上限是指在限定误差能满足预定要求的前提下，用特定的方法能准确地定量测定待测物质的最大浓度或量。

(6)最佳测定范围。

最佳测定范围又称有效测定范围，是指在限定误差能满足预定要求的前提下，特定方法的测定下限至测定上限之间的浓度范围。在此范围内，能够准确地定量测定待测物质的浓度或量。最佳测定范围应小于方法的适用范围。对测量结果的精密度要求越高，相应的最佳测定范围越小。

2.2 水质分析方法

2.2.1 化学分析法

化学分析法是以化学反应为基础的分析方法，将水中被分析物质与已知成分、性质和含量的另一种物质发生化学反应，而生成具有特殊性质的新物质，由此确定水中被分析物质的存在及其组成、性质和含量。主要有重量分析法和滴定分析法。

重量分析法是将水中待测物质以沉淀的形式析出，经过滤、烘干、称重得出待测物质的量。重量分析法的特点是比较准确，但分析过程烦琐，费时间。主要用于水中不可滤残渣(悬浮物)、总残渣(总固体、溶解性总固体)等的测定。

滴定分析法又称容量分析法，是用一种已知准确浓度的试剂溶液，滴加到被测水样中，根据反应完全时所消耗试剂的体积和浓度，计算出被测物质含量的方法。已知准确浓度的试剂溶液被称为标准滴定溶液或滴定剂；将标准滴定溶液通过滴定管计量并滴加到被分析物质溶液中的过程称为滴定；当所加标准滴定溶液的物质的量与被分析组分的物质的量之间恰好符合滴定反应式所表示的化学计量关系，反应完全的那一点称为化学计量点；化学计量点通常借助指示剂的变色来确定，以便终止滴定；在滴定过程中，指示剂正好发生颜色变化的转变点(变色点)称为滴定终点。由于操作误差，滴定终点与化学计量点不一定恰好吻合，此时的分析误差称为终点误差或滴定误差。

根据化学反应类型的不同，滴定分析法又分为酸碱滴定法、氧化还原滴定法、沉淀滴定法和配位滴定法，常用于水中碱度、酸度、溶解氧（DO）、生物化学需氧量（BOD）、高锰酸盐指数、化学需氧量（COD）、Cl^-、硬度、Ca^{2+}、Mg^{2+}等许多无机物和有机物的测定。此分析方法简便、快速，测定结果准确度高，不需要贵重的仪器设备，作为一种重要的分析方法被广泛采用。

2.2.2 仪器分析法

仪器分析法是以成套的物理仪器手段，以水样中被分析物质的某种物理性质或化学性质为基础来测定水样中的组分和含量的分析方法。广泛应用于水质分析方面的有电化学分析法、吸光光度法、原子吸收光谱法、气相色谱法等。在水质分析中还可以应用专项测定仪器测定溶解氧（IDO）、总有机碳（TOC）、总需氧量（TOD）、生物化学需氧量（BOD）等；用离子选择电极自动测定总氮，总氧，铅、镉离子等。仪器分析法操作快速，具有较高的准确性，适用于水样中微量或痕量组分的分析测定。

分析方法是水质分析技术的核心，选择分析方法需要考虑许多因素。首先必须与待测组分的含量范围相一致；其次是方法的准确度和精密度。目前，分析方法有三个层次，分别是：国家标准方法、国家统一方法（或行业标准方法）和等效方法。每个分析方法各有其特定的适用范围，应首先选用国家标准分析方法，如果没有相应的国家标准方法，应优先选用统一方法或行业标准方法，最后选用试用方法或新方法做等效实验，报经上级批准后才能使用，如国家标准方法《生活饮用水标准检验方法》（GB/T 5750—2023）、行业标准方法《城市污水水质检验方法标准》（CJ/T 51—2004）、《水和废水监测分析方法》（国家环保局）等。

2.2.3 电化学分析法

电化学分析法是仪器分析的重要组成部分之一。它是根据溶液中物质的电化学性质及其变化规律，建立在以电位、电导、电流和电量等电学量与被测物质某些量之间的计量关系的基础之上，对组分进行定性和定量的仪器分析方法，也称电分析化学法。根据不同的分类条件，电化学分析法有不同的分类，下面是几种常见的分类。

①根据在某一特定条件下，化学电池中的电极电位、电量、电流电压及电导等物理量与溶液浓度的关系进行分析的方法。例如，电位测定法、恒电位库仑法、极谱法和电导法等。

②以化学电池中的电极电位、电量、电流和电导等物理量的突变作为指示终点的方法。例如，电位滴定法、库仑滴定法、电流滴定法和电导滴定法等。

③将试液中某一被测组分通过电极反应，使其在工作电极上析出金属或氧化物，称量此电沉积物的质量求得被测得组分的含量。例如，电解分析法。

2.2.4 气相色谱法

气相色谱法是利用气体作流动相的色层分离分析方法。汽化的试样被载气（流动相）带入色谱柱中，柱中的固定相与试样中各组份分子作用力不同，各组份从色谱柱中流出时间不同，组份彼此分离。采用适当的鉴别和记录系统，制作标出各组份流出色谱柱的时间和浓度的色谱图。根据图中表明的出峰时间和顺序，可对化合物进行定性分析；根据峰的高低和面积大小，可对化合物进行定量分析。具有效能高、灵敏度高、选择性强、分析速度快、应用广泛、操作简便等特点。适用于易挥发有机化合物的定性、定量分析。对非挥发性的液体和固体物质，可通过高温裂解、气化后进行分析。可与红外吸收光谱法或质谱法配合使用，以色谱法做为分离复杂样品的手段，达到较高的准确度，是司法鉴定中检测有机化合物的重要分析手段。

2.2.5 酸碱滴定法

酸碱滴定法是以酸碱反应为基础的滴定分析方法。应用酸碱滴定法可以测定水中酸、碱及能与酸或碱起反应的物质的含量。

酸碱滴定法通常采用强酸或强碱作为滴定剂，例如：用 HCl 作为标准溶液，可以滴定具有碱性的物质，如 NaOH、Na_2CO_3 和 Na_2HCO_3 等；用 NaOH 作为标准溶液，可以滴定具有酸性的物质，如 H_2SO_4 等。

1. 酸碱指示剂

酸碱滴定过程中，溶液本身不发生任何外观的变化，因此常借酸碱指示剂的颜色变化来指示滴定终点。要使滴定获得准确的分析结果，应选择适当的指示剂，从而使滴定终点尽可能地接近化学计量点。

2. 酸碱指示剂的变色原理

酸碱指示剂通常是一种有机弱酸、有机弱碱或既显酸性又能显碱性的两性物质。在滴定过程中，溶液 pH 的不断变化，引起了指示剂结构的变化，从而发生了指示剂颜色的变化。

例如，酚酞指示剂是弱的有机酸，在很稀的中性或弱酸性溶液中，几乎完全以无色的分子或离子状态存在，在水溶液中存在如下的解离平衡：

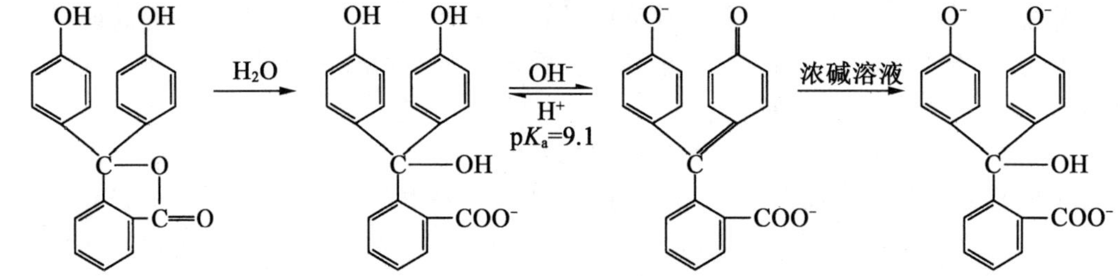

内酯结构(酸式色) 无色 (中性或酸性溶液中) $\xrightarrow{H_2O}$ 羧酸结构 $\underset{H^+}{\overset{OH^-}{\rightleftharpoons}}$ ($pK_a=9.1$) 醌式盐结构碱(酸式色) 红色 (碱性溶液中) $\xrightarrow{浓碱溶液}$ 羧酸盐式离子 无色 (浓碱溶液中)

当溶液 pH 渐渐升高时，酚酞的结构和颜色发生了改变，变成了醌式结构的红色离子。在 pH 减小时，溶液中发生相反的结构和颜色的改变。酚酞在浓碱溶液中，醌式结构变成无色的羧酸盐式离子，使用中需要注意。

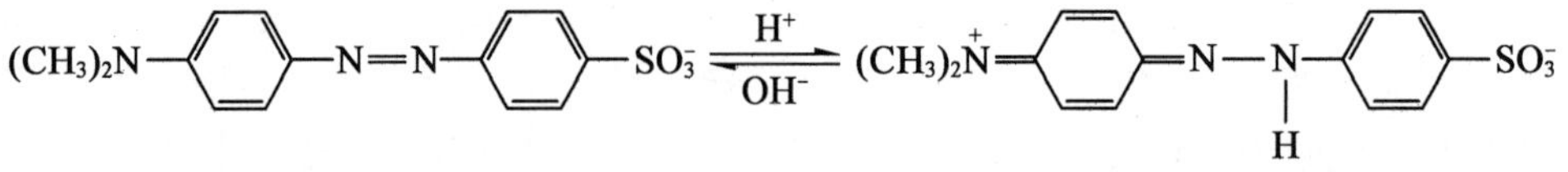

偶氮式离子(碱式色) $\underset{OH^-}{\overset{H^+}{\rightleftharpoons}}$ 醌式离子(酸式色)

又如甲基橙是一种有机弱碱型的双色指示剂，在水溶液中存在如下的解离平衡：

当溶液 pH 渐渐减小时，甲基橙转变为具有醌式结构的红色离子。在 pH 升高时，甲基橙转变为具有偶氮式结构的黄色离子。

3. 指示剂的变色范围

实际上并不是溶液的 pH 稍有改变就能观察到指示剂的颜色变化，必须是溶液的 pH 改变到一定范围，指示剂的颜色变化才能被观察到，这个范围称为指示剂的变色范围。例如，酚酞在 pH 小于 8 的溶液中无色，而当溶液的 pH 大于 10 时，酚酞则呈红色，pH 从 8 到 10 是酚酞逐渐由无色变为红色的过程，此范围就是指示剂酚酞的变色范围。当溶液 pH 小于 3.1 时甲基橙呈红色，大于 4.4 时呈黄色，pH 3.1~4.4 是甲基橙的变色范围。

指示剂的变色范围，可由指示剂在溶液中的离解平衡过程加以解释。

设弱酸型指示剂的表示式为 HIn，则有

$$HIn \rightleftharpoons H^+ + In^-$$

$$K_{HIn}=\frac{[H^+][In^-]}{[HIn]}$$

或

$$=\frac{K_{HIn}}{[H^+]}$$

式中，K_{HIn} 为指示剂解离常数；$[In^-]$ 和 $[HIn]$ 分别为指示剂的碱色和酸色的浓度。

由上式可知，溶液的颜色是由 $\frac{[In^-]}{[HIn]}$ 的比值来决定，而此比值又与 $[H^+]$ 和 K_{HIn} 有关。在一定温度下，对于某一指示剂来说，K_{HIn} 是一个常数，因此 $\frac{[In^-]}{[HIn]}$ 比值仅为 $[H^+]$ 的函数，即溶液的颜色仅与 pH 相关。当 $[H^+]$ 发生改变，比值随之发生改变，溶液的颜色也逐渐发生改变。但人眼辨别颜色的能力是有限的，一般来说，当 $pH \leqslant pK_{HIn}-1$ 时，只能观察出碱式（HIn）颜色，即酸色；当 $pH \geqslant pK_{HIn}+1$ 时，只能观察出碱式（In^-）颜色，即碱色；指示剂呈混合色，即过渡色时，人眼一般难以辨别。$pH=pK_{HIn}\pm1$，称为指示剂变色的 pH 范围。不同的指示剂，其 pK_{HIn} 不同，所以指示剂各有不同的变色范围。

当指示剂的 $[In^-]=[HIn]$ 时，则 $pH=pK_{HIn}$，此 pH 为指示剂的理论变色点。理想的情况是：滴定化学计量点与指示剂的变色点的 pH 完全一致，但实际操作时是有困难的。

根据上述理论推算，指示剂的变色范围应是两个 pH 单位，但实际测得的各种指示剂的变色范围并不一样，而是略有上下，这是由人眼对各种颜色的敏感程度不同，以及指示剂的两种颜色之间有相互掩盖的现象所致。

表 2-1 列出了常用酸碱指示剂的变色范围及其配制方法。

指示剂的变色范围越窄越好，因为 pH 稍有改变，指示剂立即由一种颜色变成另一种颜色，指示剂变色敏锐，有利于提高分析结果的准确度。

表 2-1 常用酸碱指示剂的变色范围及其配制方法

指示剂	变色范围	pK_{HIn}	酸色	碱色	配制方法	备注
百里酚蓝	1.3~2.8	1.7	红	黄	0.1%[①]的20%[②]的乙醇溶液	
甲基橙	3.1~4.4	3.4	红	黄	0.1%水溶液	第一变色范围
溴酚蓝	3.0~4.6	4.1	黄	紫	0.1%的20%的乙醇溶液或其钠盐水溶液	
溴甲酚红	4.0~5.6	4.9	黄	蓝	0.1%的20%的乙醇溶液或其钠盐水溶液	
甲基红	4.4~6.2	5.0	红	黄	0.1%的60%的乙醇溶液或其钠盐水溶液	
溴百里酚蓝	6.2~7.6	7.3	黄	蓝	0.1%的20%的乙醇溶液或其钠盐水溶液	
中性红	6.8~8.0	7.4	红	黄橙	0.1%的60%的乙醇溶液	
苯酚红	6.8~8.4	8.0	黄	红	0.1%的60%的乙醇溶液或其钠盐水溶液	
甲酚红	7.2~8.8	8.2	黄	紫	0.1%的20%的乙醇溶液或其钠盐水溶液	第二变色范围
酚酞	8.0~10.0	9.1	无	红	0.1%的90%的乙醇溶液	
百里酚蓝	8.0~9.6	8.9	黄	蓝	0.1%的20%的乙醇溶液	第二变色范围
百里酚酞	9.4~10.6	10	无	蓝	0.1%的90%的乙醇溶液	

注:①表示配制指示剂时相关溶液的用量(体积分数);②表示乙醇溶液的体积分数。

表2-1所列的指示剂都是单一指示剂,它们的变色范围一般都较宽,其中有些指示剂,例如甲基橙,变色过程中还有过渡颜色,不易于辨别颜色的变化。混合指示剂可以弥补其存在的不足。

混合指示剂是由人工配制而成的,利用两种指示剂颜色之间的互补作用,使变色范围变窄,过渡颜色持续时间缩短或消失,易于终点观察。

表2-2列出了常用混合指示剂的变色点和配制方法。

表 2-2 常用混合指示剂的变色点和配制方法

指示剂溶液组成	变色点		酸色	碱色
	pH	颜色		
1份0.1%甲基橙水溶液 1份0.25%靛蓝二磺酸水溶液	4.1	—	紫	黄绿
1份0.2%溴甲酚绿乙醇溶液 1份0.4%甲基红乙醇溶液	4.8	灰紫色	紫红	绿
3份0.1%溴甲酚绿乙醇溶液 1份0.2%甲基红乙醇溶液	5.1	灰色	橙红	绿
1份0.2%甲基红溶液 1份0.1%亚甲基蓝溶液	5.4	暗蓝	红紫	绿
1份0.1%甲酚红钠盐水溶液 3份0.1%百里酚蓝钠盐水溶液	8.3	玫瑰红	黄	紫
1份0.1%酚酞乙醇溶液 2份0.1%甲基绿乙醇溶液	8.9	浅蓝	绿	紫

混合指示剂的组成一般有两种:一是用一种不随 H^+浓度变化而改变的染料和一种指示剂混合而成,如亚甲基蓝和甲基红组成的混合指示剂。亚甲基蓝是不随 pH 而变化的染料,呈蓝色,甲基红的酸色是红色,碱色是黄色,混合后的酸色为紫色,碱色为绿色,混合指示剂在 pH 为 5.4 时,可由紫色变为绿色或相反,非常明显,此指示剂主要用于水中氨氮用酸滴定时的指示剂。二是由两种不同的指示剂按一定比例混合而成,如溴甲酚绿($pK_{HIn}=4.9$)和甲基红($pK_{HIn}=5.0$)两种指示剂所组成的混合指示剂,两种指示剂都随 pH 变化,按一定的比例混合后,在 pH=5.1 时,由酒红色变为绿色或相反,极为敏锐。此指示剂用于水碱度的测定。

如果将甲基红、溴百里酚蓝、百里酚蓝和酚酞按一定比例混合,溶于乙醇,配成混合指示剂,该混合指示剂随 pH 的不同而逐渐变色(表 2-3)。

表 2-3 混合指示剂随 pH 的颜色变化

pH	≤4	5	6	7	8	9	≥10
颜色	红	橙	黄	绿	青(蓝绿)	蓝	紫

广泛 pH 试纸是用上述混合指示剂制成的,用来测定 pH。

4. 酸碱滴定法的应用案列:碱度的测定

(1)碱度组成及测定意义。

水的碱度是指水中所含有的能与 H^+发生反应的物质总量。水中碱度的来源较多,天然水体中的碱度基本上是碳酸盐、重碳酸盐及氢氧化物含量的函数,所以碱度可分为氢氧化物(OH^-)碱度、碳酸盐(CO_3^{2-})碱度和重碳酸盐(HCO_3^-)碱度分别进行测定,也可同时测定氢氧化物与碳酸盐碱度($OH^-+CO_3^{2-}$)、碳酸盐与重碳酸盐碱度($CO_3^{2-}+HCO_3^-$)。如天然水体中繁殖生长大量藻类,剧烈吸收水中 CO_2,使水的 pH 较高,主要有碳酸盐碱度,一般 pH<8.3 的天然水中主要含有重碳酸盐碱度,略高于 8.3 的弱碱性天然水可同时含有重碳酸盐和碳酸盐碱度,pH>10 时主要是氢氧化物碱度。总碱度被当作这些成分浓度的总和。当水中含有硼酸盐、磷酸盐或硅酸盐等时,总碱度的测定值也包含它们所起的作用。

某些工业废水如造纸、制革、化学纤维、制碱等企业排放的生产废水可能含有大量的强碱,其碱度主要是氢氧化物或碳酸盐。在排入水体之前必须进行中和处理。在给水处理如水的凝聚澄清和水的软化处理及废水好氧厌氧处理设备运行中,碱度的大小是个重要的影响因素。在其他复杂体系的水体中,还含有有机碱类如 $C_6H_5NH_2$、金属水解性盐类等。在这些情况下用普通的方法不易辨别各种成分,需要测定总碱度。碱度成为一种水质的综合性指标,代表能被强酸滴定的物质的总和。

碱度对水质特性有多方面的影响,常用于评价水体的缓冲能力及金属在其中的溶解性和毒性,同时也是给水和废水处理过程、设备运行、管道腐蚀控制的判断性指标,所以碱度的测定在工程设计、运行和科学研究中有着重要的意义。

(2)碱度测定。

碱度的测定采用酸碱滴定法。用 HCl 或 H_2SO_4 作为标准滴定溶液,酚酞和甲基橙作为指示剂,根据不同指示剂变色所消耗的酸的体积,可分别测出水样中所含有的各种碱度。在滴定中各种碱度的反应为

$$OH^- + H^+ \rightleftharpoons H_2O \quad 化学计量点\ pH = 7.0 \tag{2-1}$$

$$CO_3^{2-} + H^+ \rightleftharpoons HCO_3^- \quad 化学计量点\ pH = 8.3 \tag{2-2}$$

$$HCO_3^- + H^+ \rightleftharpoons H_2CO_3 \quad 化学计量点\ pH = 3.9 \tag{2-3}$$

根据酸碱滴定原理,化学计量点为 pH=7.0 和 pH=8.3 时可以选择酚酞作为指示剂,化学计量点为 pH=3.9 时可以选择甲基橙作为指示剂。因此,用酸滴定碱度时,先用酚酞作为指示剂,水中的氢氧化物碱度完全被中和,而碳酸盐碱度只中和了一半。若继续用甲基橙作为指示剂,滴至溶液颜色由黄色变为橙红色,说明碳酸盐碱度又中和了一半,重碳酸盐碱度也全部被中和,此时测定的碱度为水中各种碱度成分的总和,因此将单独用甲基橙作为指示剂测定的碱度称为总碱度。

按操作方式和选择不同的指示剂测定碱度,可分为如下两种方法。

①连续滴定。取一定容积的水样,加入酚酞指示剂以强酸标准滴定溶液进行滴定,到溶液由红色变为无色为止,消耗标准滴定溶液体积以 V_1 表示。再向水样中加入甲基橙指示剂,继续滴定溶液由黄色变为橙色为止,滴定消耗标准滴定溶液体积以 V_2 表示。根据 V_1 和 V_2 的相对大小,可以判断水中碱度组成并计算其浓度。

a. 单独的氢氧化物的碱度(OH^-)。水的 pH 在 10 以上时,滴定时加入酚酞后溶液呈红色,用酸标准滴定溶液滴至无色,得到 V_1 值,见反应式(2-1)。再加入甲基橙,溶液呈橙色,因此不用继续滴定。滴定结果为

$$V_1 > 0, \quad V_2 = 0$$

因此,判断只有 OH^- 碱度,而且 OH^- 碱度为 V_1。

b. 氢氧化物与碳酸盐碱度(OH^-、CO_3^{2-})。水的 pH 在 10 以上时,首先以酚酞作为指示剂,用酸标准滴定溶液滴定,得到 V_1 值,其反应由式(2-1)进行到式(2-2),其中包括 OH^- 和一半的 CO_3^{2-} 碱度,加甲基橙指示剂继续滴定,得 V_2,反应由式(2-2)进行到式(2-3),测出另一半 CO_3^{2-} 碱度。滴定结果为

$$V_1 > V_2$$

因此,判断有 OH^- 与 CO_3^{2-} 碱度,而且

$$OH^-碱度为\ V_1 - V_2$$

$$CO_3^{2-}\ 碱度为\ 2V_2$$

c. 单独的碳酸盐碱度(CO_3^{2-})。水的 pH 若在 9.5 以上,则以酚酞作为指示剂,用酸标准滴定溶液滴定,得 V_1,见反应式(2-2),其中包括一半 CO_3^{2-} 碱度,再加甲基橙指示剂,得 V_2,见反应式(2-3),测出另一半 CO_3^{2-} 碱度。滴定结果为

$$V_1 = V_2$$

因此,判断只有 CO_3^{2-} 碱度,而且 CO_3^{2-} 碱度为 $2V_1$。

d. 碳酸盐和重碳酸盐碱度(CO_3^{2-}、HCO_3^-)。水的 pH 低于 9.5 而高于 8.3,以酚酞作为指示剂用酸标准滴定溶液滴定到终点,得 V_1,见反应式(2-2),含一半 CO_3^{2-} 碱度,再加甲基橙

指示剂，得 V_2，见反应式(2-3)，测出另一半 CO_3^{2-} 和 HCO_3^- 碱度。滴定结果为

$$V_1<V_2$$

因此，判断有 CO_3^{2-} 和 HCO_3^- 碱度，而且

$$CO_3^{2-} \text{ 碱度为 } 2V_1$$

$$HCO_3^- \text{ 碱度为 } V_2-V_1$$

e. 单独的重碳酸盐碱度(HCO_3^-)。水的 pH 低于 8.3 时，滴定时首先加入酚酞作为指示剂，溶液并不呈红色而为无色，以甲基橙作为指示剂，用标准滴定溶液滴定到终点，得 V_2，见反应式(2-3)，测出 HCO_3^- 碱度。滴定结果为

$$V_1=0, \quad V_2>0$$

因此，判断只有 HCO_3^- 碱度，而且

$$HCO_3^- \text{ 碱度为 } V_2$$

若各种标准滴定溶液浓度为已知，就可计算碱度。

各类碱度及酸碱滴定结果的关系见表 2-4。

表 2-4 各类碱度及酸碱滴定结果的关系

类型	滴定结果	OH^- 碱度	CO_3^{2-} 碱度	HCO_3^- 碱度	总碱度
1	$V_1, V_2=0$	V_1	0	0	V_1
2	$V_1>V_2$	V_1-V_2	$2V_2$	0	V_1+V_2
3	$V_1=V_2$	0	$2V_1$	0	V_1+V_2
4	$V_1<V_2$	0	$2V_1$	V_2-V_1	V_1+V_2
5	$V_2, V_1=0$	0	0	V_2	V_2

②分别滴定。取两份同体积试样，第一份加入百里酚蓝-甲酚红指示剂，用酸标准滴定溶液滴定至指示剂由紫色变为黄色，终点的 pH 为 8.3，消耗标准滴定溶液体积为 $V_{pH\,8.3}$；第二份水样用溴甲酚绿-甲基红指示，用酸标准滴定溶液滴定至由绿色变为浅灰紫色，终点的 pH 为 4.8，消耗标准滴定溶液体积为 $V_{pH\,4.8}$，由此可判断水中碱度组成和浓度。

各类碱度及酸碱滴定结果的关系见表 2-5。

表 2-5 各类碱度及酸碱滴定结果的关系

滴定体积			碱度组成与表示		
比较	表示		OH^-	CO_3^{2-}	HCO_3^-
	$V_{pH\,8.3}$	$V_{pH\,4.8}$			
$V_{pH\,8.3}=V_{pH\,4.8}$	OH		$V_{pH\,8.3}=V_{pH\,4.8}$		
$2V_{pH\,8.3}>V_{pH\,4.8}$	$OH^-+1/2CO_3^{2-}$	$OH^-+CO_3^{2-}$	$2V_{pH\,8.3}-V_{pH\,4.8}$	$2(V_{pH\,4.8}-V_{pH\,8.3})$	
$2V_{pH\,8.3}=V_{pH\,4.8}$	$1/2CO_3^{2-}$	CO		$2V_{pH\,8.3}=V_{pH\,4.8}$	
$2V_{pH\,8.3}<V_{pH\,4.8}$	$1/2CO_3^{2-}$	$CO_3^{2-}+HCO_3^-$		$2V_{pH\,8.3}$	$V_{pH\,4.8}-2V_{pH\,8.3}$
$V_{pH\,8.3}=0, V>0$		HCO_3^-			$V_{pH\,4.8}$

2.2.6 络合滴定法

络合滴定法是以络合反应(形成配合物)为基础的滴定分析方法,又称配位滴定。络合反应广泛地应用于分析化学的各种分离与测定中,如许多显色剂、萃取剂、沉淀剂、掩蔽剂等都是络合剂。

络合滴定法的实际应用:盐水中 Ca^{2+}、Mg^{2+} 含量分析。

1. 钙离子测定

在 pH 为 12~13 的碱性溶液中,以钙-羧酸为指示剂,用 EDTA 标准溶液滴定样品,钙-羧酸为指示剂与钙离子形成稳定性较差的红色络合物,当用 EDTA 溶液滴定时,EDTA 即夺取络合物中的钙离子。游离出钙-羧酸为指示剂的阴离子,溶液由红色变为蓝色终点,以下用 Na_2H_2Y 代表 EDTA 的反应式如下:

$$Ca^{2+}+NaH_2T \longrightarrow CaT^{-}+2H^{+}+Na^{+}$$

$$CaT^{-}+Na_2H_2Y \longrightarrow CaY^{2-}+2Na^{+}+H^{+}+HT^{2-}$$

2. 镁离子测定

用缓冲液调节试样的 pH 约等于 10,以铬黑 T 为指示剂用 EDTA 标准溶液滴定样品,溶液由紫红色变为蓝色终点。测得钙、镁离子总量,再从总量中减去钙离子含量即得镁离子含量。其反应式如下:

$$Mg^{2+}+NaH_2T \longrightarrow MgT^{-}+Na^{+}+2H^{+}$$

$$Na_2H_2Y+MgT^{-} \longrightarrow MgY^{2-}+2Na^{+}+H^{+}+HT^{2-}$$

$$Ca^{2+}+NaH_2T \longrightarrow CaT^{-}+2H^{+}+Na^{+}$$

$$CaT^{-}+Na_2H_2Y \longrightarrow CaY^{2-}+2Na^{+}+H^{+}+HT^{2-}$$

EDTA 与许多金属离子形成稳定程度不同的可溶性络合物,在不同溶液与不同的 pH 时,应用不同的掩蔽剂进行直接或间接滴定,故此法称为络合滴定。

利用掩蔽法对共存离子进行分别测定,如下。

①配位掩蔽法。通过加入一种能与干扰离子生成更稳定配合物的试剂进行测定。例如:测定钙、镁离子时,铁、铝离子产生干扰,可采用加入三乙醇胺(能与铁、铝离子生成更稳定的配合物)来掩蔽干扰离子(铁、铝离子)。

②氧化还原掩蔽法。例如:Fe^{3+} 干扰 Zr^{2+} 的测定,加入盐酸羟胺等还原剂使 Fe^{3+} 还原生成 Fe^{2+},达到消除干扰的目的。

③沉淀掩蔽法。例如:为消除 Mg^{2+} 对 Ca^{2+} 测定的干扰,利用 $pH \geqslant 12$ 时 Mg^{2+} 与 OH^{-} 生成 $Mg(OH)_2$ 沉淀,可消除 Mg^{2+} 对 Ca^{2+} 测定的干扰。

2.2.7 氧化还原滴定法

氧化还原滴定法是以氧化还原反应为基础的滴定分析方法。氧化还原滴定法广泛地应用于水质分析中,除可以直接测定氧化性或还原性物质外,也可以间接测定一些能与氧化剂或还原剂发生定量反应的物质。因此,水质分析中常用氧化还原滴定法测定水中的溶解氧(DO)、高锰酸盐指数(PV)、化学需氧量(COD)、生物化学需氧量(BOD)及苯酚等有机物污染指标,以此来评价水体中有机物污染程度,测定水中游离余氯、二氧化氯和臭氧等。

由于氧化还原反应是基于电子转移的反应，其特点是反应机理比较复杂，反应经常分步进行，除了主反应外还常伴有副反应发生，而且反应速率一般较慢，有时需要创造适当的条件，例如控制温度、pH 等，才能使氧化还原反应符合滴定分析的要求。

可以用于滴定分析的氧化还原反应很多，通常根据所用滴定剂的种类不同，将氧化还原滴定法分为高锰酸钾法、重铬酸盐法、碘量法、溴酸钾法等。

1. 氧化还原滴定

(1)氧化还原滴定曲线。

与酸碱滴定法相似，在氧化还原滴定过程中，随着滴定剂的加入，溶液中氧化剂和还原剂浓度不断地发生变化，相应电对的电极电位也随之发生改变。在化学计量点处发生"电位突跃"。如反应中两电对都是可逆的，就可以根据能斯特方程由两电对的条件电极电位计算滴定过程中溶液电位的变化，并绘制滴定曲线。图 2-1 是通过计算得到的以 0.1 mol $K_2Cr_2O_7$ 标准溶液滴定等浓度 Fe^{2+} 的滴定曲线。滴定曲线的突跃范围为 0.94~1.31 V，化学计量点为 1.26 V。

化学计量点附近电位突跃的大小与两个电对条件电位相差的大小有关。电位相差越大，则电位突跃越大，反应也越完全。

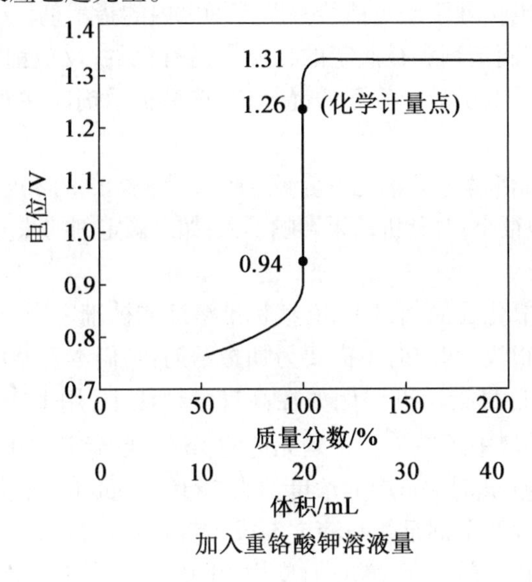

图 2-1　0.1 mol $K_2Cr_2O_7$ 滴定 Fe^{2+} 的理论滴定曲线

(2)氧化还原指示剂。

在氧化还原滴定过程中，可用指示剂在化学计量点附近颜色的改变来指示滴定终点。根据氧化还原指示剂的性质可分为以下各类。

①氧化还原反应指示剂。氧化还原指示剂是具有氧化还原性质的复杂有机化合物，在滴定过程中也发生氧化还原反应，其氧化态和还原态的颜色不同，因而可以用于指示滴定终点的到达。

每种氧化还原指示剂在一定的电位范围内发生颜色变化，此范围称为指示剂的电极电位变色范围。选择指示剂时应选用电极电位变色范围在滴定突跃范围内的指示剂。常用的氧化还原指示剂及配制方法见表 2-6。

表 2-6　常用的氧化还原指示剂及配制方法

指示剂	φ°/V [H^+] = 1 mol/L	颜色变化		配制方法
		氧化态	还原态	
亚甲基蓝	0.36	天蓝	无色	0.05%水溶液
二苯胺磺酸钠	0.85	紫蓝	无色	0.2%水溶液
邻苯氨基苯甲酸	0.89	紫红	无色	0.2%水溶液
2-2′联吡啶亚铁盐	1.02	紫红	红	稀盐酸溶液
邻二氮菲亚铁盐	1.06	淡蓝	红	每 100 mL 溶液含 1.624 g 邻氮菲和 0.695 g $FeSO_4$
硝基邻二氮菲亚铁盐	1.26	淡蓝	红	1.7 g 硝基邻二氮菲和 0.025 mol/L $FeSO_4$ 100 mL 配成溶液

氧化还原指示剂是氧化还原滴定的通用指示剂,选择指示剂时应注意以下两点。

a. 指示剂变色的电位范围应在滴定突跃范围之内。由于指示剂变色的电位范围很小,应尽量选择指示剂条件电位处于滴定曲线突跃范围之内的指示剂。

b. 氧化还原滴定中,滴定剂和被滴定的物质常是有色的,反应前后颜色发生改变,观察到的是离子的颜色和指示剂所显示颜色的混合色,选择指示剂时注意化学计量点前后颜色变化是否明显。

此外,滴定过程中指示剂本身要消耗少量滴定剂,如果滴定剂的浓度较大(约 0.1 mol/L),指示剂所消耗的滴定剂的量很小,对分析结果影响不大;如果滴定剂的浓度较小(约 0.01 mol/L),则应作为指示剂空白校正。

②自身指示剂。在氧化还原滴定中,有些标准溶液或被滴定物质本身有很深的颜色,而滴定产物为无色或颜色很浅,滴定时不需要另加指示剂,它们本身颜色的变化就起着指示剂的作用。这种物质称为自身指示剂。例如在高锰酸钾法中,用 $KMnO_4$ 作为滴定剂,MnO_4^- 本身呈深紫色,在酸性溶液中还原为几乎是无色的 Mn^{2+},当滴定到化学计量点后,微过量的 MnO_4^- 就使溶液呈粉红色(此时 MnO_4^- 的浓度约为 2×10^{-6} mol/L)指示终点。

③特效指示剂。特效指示剂是能与滴定剂或被滴定物质反应生成特殊颜色的物质,以指示终点。如可溶性淀粉溶液与 I_2 溶液的反应,生成深蓝色化合物,当 I_2 溶液浓度为 1×10^{-5} mol/L 时,即能看到蓝色。当 I_2 被还原为 I^- 时,深蓝色褪去。因此,可以从蓝色的出现或消失指示滴定终点的到达。

2.2.8　重量分析法和沉淀滴定法

1. 重量分析法

重量分析法通常是用适当的方法将被测组分从试样中分离出来,然后转化为一定的称量形式,最后用称量的方法测定该组分的含量。

重量分析法大多用于无机物的分析,根据被测组分与其他组分分离方法的不同,重量分析法又可分为沉淀法和气化法。在水质分析中,一般采用沉淀法。

在水质分析中重量分析法常用于残渣的测定及与水处理相关的滤层中含泥量的测定等。

2. 重量分析法的应用

（1）残渣测定。

残渣可分为总残渣、总可滤残渣和总不可滤残渣三种，它们是表征水中溶解性物质、不溶性物质含量的指标，三者的关系可用表示为总残渣＝总可滤残渣+总不可滤残渣。

由于所用滤器的特征及孔径的大小均能影响总不可滤残渣和总可滤残渣的测定结果，因此，可滤和不可滤具有相对意义。通常测定结果均应注明过滤方法和采用滤器的孔径。残渣含有游离水、吸着水、结晶水、有机物和加热条件下易发生变化的物质。因此，烘干温度和时间对残渣测定结果的影响较大。实验中常用 103～105 ℃，有时也采用（180±2）℃烘干测定。103～105 ℃烘干的残渣仍保留着结晶水和部分吸着水，重碳酸盐转为碳酸盐，有机物挥发较少，烘干速度较慢。180 ℃烘干的残渣可能保留某些结晶水，有机物挥发量较大，部分盐类可能分解。

①总残渣。总残渣又称总固体，是指水或废水在一定温度下蒸发、烘干后残留在器皿中的物质。

将蒸发皿在 103～105 ℃烘箱中烘干 30 min，冷却后称量，直至恒重。取适量振荡均匀的水样于称至恒重的蒸发皿中，在蒸汽浴或水浴上蒸干，移入 103～105 ℃烘箱内烘干至恒重，增加量即为总残渣。

$$\text{总残渣}=\frac{(m_2-m_1)\times10^6}{V_{\text{水}}}(\text{mg/L})$$

式中 m_1——蒸发皿质量，g；

m_2——总残渣和蒸发皿质量，g；

$V_{\text{水}}$——水样体积，mL。

②总可滤残渣。总可滤残渣也称为溶解性总固体，是指通过过滤器的水样经蒸干后在一定温度下烘干至恒重的固体。一般测定 103～105 ℃烘干的总可滤残渣，但有时要求测定（180±2）℃烘干的总可滤残渣。在此温度下烘干，可将吸着水全部去除，所得结果与化学分析所得的总矿物质含量较接近。

将蒸发皿在 103～105 ℃或（180±2）℃烘箱中烘 30 min，冷却称量，直至恒重。用孔径为 0. 45 μm 的滤膜或中速定量滤纸过滤水样之后，取适量于称至恒重的蒸发皿中，在蒸汽浴或水浴上蒸干，移入 103～105 ℃或（180±2）℃烘箱内烘干至恒重，增加量即为总可滤残渣。

$$\text{总可滤残渣}=\frac{(m_2-m_1)\times10^6}{V_{\text{水}}}(\text{mg/L})$$

式中 m_1——蒸发皿质量，g；

m_2——总可滤残渣和蒸发皿质量，g；

$V_{\text{水}}$——水样体积，mL。

③总不可滤残渣。总不可滤残渣又称悬浮物（SS），是指过滤后剩留在过滤器上并于 103～105 ℃下烘干至恒重的固体物质。悬浮物包括不溶于水的泥砂、各种污染物、微生物及难溶无机物等。

测定方法有石棉坩埚法、滤纸或滤膜法等,都是基于过滤恒重的原理,主要区别是滤材的不同。石棉坩埚法要把石棉纤维均匀地铺在古氏坩埚上用作滤材,由于石棉危害较大,近年已较少采用;滤纸和滤膜法较简便,但对操作要求较高,操作不严谨易造成误差。

测定方法:选择适当已恒重的滤材,过滤一定量的水样,将载有悬浮物的滤材移入烘箱中在 103~105 ℃烘干至恒重,增加的质量即为悬浮物。

$$悬浮物=\frac{(m_2-m_1)\times10^6}{V_水}(mg/L)$$

式中 m_1——滤材质量,g;

m_2——悬浮物与滤材的总质量,g;

$V_水$——水样体积,mL。

悬浮物对水体的影响很大。地面水中存在悬浮物,使水体变浑浊,透明度降低;工业废水和生活污水含有大量悬浮物,污染环境。悬浮物是衡量水质好坏的重要指标,它是决定工业废水和生活污水能否排入公共水体或必须经过处理的重要条件之一。

(2)滤层中泥的质量分数的测定。

滤池冲洗完毕后,降低水位至露出床面,然后在砂层面下 10 cm 处采样。每个滤池采样点应至少两点,如果滤池面积超过 40 m^2,每增加 30 m^2 面积,可增加一个采样点,各采样点应均匀分布,将各采样点所得的样品混匀,再进行分析。

将污砂置于 103~105 ℃烘箱内烘干至恒重,冷却后用表面皿称量 5~10 g 样品,然后置于瓷蒸发皿内,加 10%工业盐酸约 50 mL 浸泡,待污砂松散后,再用自来水漂洗至肉眼不宜觉察污渍为止,最后用蒸馏水冲洗一次,烘干后恒重。

$$w=\frac{m_2-m_1}{m_2}\times100\%$$

式中 w——泥的质量分数,%;

m_1——污砂质量,g;

m_2——清洗后污砂质量,g。

滤料层泥的质量分数和状态评价见表 2-7。

表 2-7 滤料层泥的质量分数和状态评价

泥的质量分数/%	滤料状态评价
0~0.5	极佳
0.5~1.0	好
1.0~3.0	满意
3.0~10	不好
10	极差

3. 沉淀滴定法

沉淀滴定法是以沉淀反应为基础的一种滴定分析方法。虽然沉淀反应很多,但并不是所有的沉淀反应都适合于滴定分析。用于滴定分析的沉淀反应必须符合下列条件:

①生成的沉淀应具有恒定的组成，且溶解度要小；

②反应必须按一定的化学反应式迅速、定量地进行；

③有适当的指示剂或其他方法确定反应的终点；

④沉淀的共沉淀现象不影响滴定的结果。

由于上述条件的限制，能用于沉淀滴定分析的反应较少。目前比较有实际意义的是生成难溶银盐的沉淀反应，例如：

$$Ag^{+}+Cl^{-} \rightleftharpoons AgCl \downarrow$$

$$Ag^{+}+SCN^{-} \rightleftharpoons AgSCN \downarrow$$

以生成难溶银盐沉淀的反应来进行滴定分析的方法称为银量法。用银量法可以测定 Cl^-、Br^-、I^-、Ag^+、CN^- 及 SCN^- 等，还可以测定经处理而能定量地产生这些离子的有机化合物。它对地面水、饮用水、废水及电解液的分析，含氯有机物的测定都有重要意义。除银量法外，还有利用其他沉淀反应来进行滴定分析的方法。例如：用 $K_4[Fe(CN)_6]$ 测定 Zn^{2+} 生成 $K_2Zn_3[Fe(CN)_6]_2$；用 $BaCl_2$ 测定 SO_4^{2-} 生成 $BaSO_4$。

根据滴定的方式不同，银量法又分为直接滴定法和返滴定法两种；根据确定终点采用的指示剂不同又分为莫尔法、佛尔哈德法等。本节重点介绍莫尔法和佛尔哈德法及其在水质分析中的应用。

(1)莫尔法。

莫尔法是以铬酸钾(K_2CrO_4)作为指示剂，用硝酸银($AgNO_3$)作为标准滴定溶液，在中性或弱碱性条件下对氯化物(Cl^-)和溴化物(Br^-)进行分析测定的方法。

(2)佛尔哈德法。

佛尔哈德法是以铁铵矾[$NH_4Fe(SO_4)_2 \cdot 12H_2O$]作为指示剂，用 NH_4SCN(或 KSCN)标准滴定溶液在酸性条件下对 Ag^+、Cl^-、Br^-、I^- 和 SCN^- 进行测定的方法。

4. 沉淀滴定法的应用

(1)标准滴定溶液的配制与标定。

①$AgNO_3$ 标准滴定溶液。$AgNO_3$ 的纯度很高，因此能直接配制成标准滴定溶液，但实际工作中仍用标定法配制，以 NaCl 作为基准物质，用与测定相同的方法标定，这样可消除由方法引起的误差。$AgNO_3$ 溶液应保存在棕色瓶中，以防见光分解。

②NaCl 标准溶液。将 NaCl 基准试剂放于洁净、干燥的坩埚中，加热至 500~600 ℃，至不再有盐的爆裂声为止。在干燥器中冷却后，直接称量配制标准溶液。

(2)水中氯化物的测定。

氯化物以钠、钙和镁盐的形式存在于天然水中。天然水中的 Cl^- 主要来源于地层或土壤中盐类的溶解，故 Cl^- 含量一般不会太高，但水源水流经含有氯化物的地层或受到生活污水、工业废水及海水、海风的污染时，其 Cl^- 含量都会增高。水源水中的氯化物浓度一般都在一定浓度范围内波动。因此，当氯化物浓度突然升高时，表明水体受到污染。

饮用水中氯化物的味觉阈主要取决于所结合阳离子的种类，一般情况下氯化物的味觉阈在 200~300 mg/L 之间，其中氯化钠、氯化钾和氯化钙的味觉阈分别为 210 mg/L、310 mg/L 和 222 mg/L。如果用氯化钠含量为 400 mg/L 或氯化钙含量为 530 mg/L 的水来冲咖啡，就会觉得口感不佳。

尽管每天人们从饮用水中摄入的氯化物只占总摄入量的一小部分，完全不会对健康造成影响，但是由于自来水制备过程中无法去除氯化物，因此从感官性状上考虑，《生活饮用水卫生标准》(GB 5749—2022)中将氯化物的限值定为250 mg/L。

水中的Cl^-含量过高时，对设备、金属管道和构筑物都有腐蚀作用，对农作物也有损害。水中的Cl^-与Ca^{2+}、Mg^{2+}结合后形成永久硬度。因此，测定各种水中Cl^-的含量是评价水质的标准之一。

水中Cl^-的测定主要采用莫尔法，有时也采用佛尔哈德法或其他定量分析方法。若水样有色或浑浊，对终点观察有干扰，此时可采用电位滴定法。

用莫尔法测定Cl^-，应在pH为6.5~10.5的溶液中进行，干扰物质有Br^-、I^-、CN^-、SCN^-、S^{2-}、AsO_4^{2-}、PO_4^{3-}、Ba^{2+}、Pb^{2+}、Bi^{3+}和NH_3。莫尔法适用于较清洁水样中Cl^-的测定。其缺点是终点不够明显，必须在空白对照下滴定，当水中Cl^-含量较高时，终点更难识别。

用佛尔哈德法测定Cl^-，必须在较强的酸性溶液中进行。因此，凡能生成不溶于酸的银盐离子，如Br^-、I^-、CN^-、SCN^-、S^{2-}、$[Fe(CN)_6]^{3-}$、$[Fe(CN)_6]^{4-}$等都会干扰测定。Hg^{2+}、Cu^{2+}、Ni^{2+}和Co^{2+}能与SCN^-生成配合物，也会干扰测定。

2.2.9 原子吸收分光光度法

原子吸收分光光度法又称原子吸收光谱法，是基于被测元素基态原子在蒸气状态下对其原子共振辐射的吸收而进行元素定量分析的方法。基态原子吸收共振辐射后，由基态跃迁至激发态而产生原子吸收光谱，原子吸收光谱位于光谱的紫外区和可见区。

原子吸收分光光度法用于分析海水中的痕量元素时，一般要预先浓缩。如用吡咯啶二硫代氨基甲酸铵络合，用甲基异丁酮萃取，可测定海水中Co、Cu、Fe、Pb、Ni、Zn等元素；用Che-lex-100螯合树脂可富集海水中Ag、Bi、Cd、Cu、In、Pb、Mo、Ni、Th、W、V、Mn及Zn等元素，洗提后可用原子吸收光度法测定。

近来已有人直接利用石墨炉-原子吸收分光光度法测定海水中的Mn和Fe。海水中加入EDTA可大大降低Cd的原子化温度，避免了NaCl的基体干扰，使之可以不必预浓缩而直接测定沿岸水中的Cd。海水中的锌经蒸馏水稀释1倍后也可直接测定。

原子吸收分光光度法在材料科学、环境科学、生命科学等领域的应用较广，尤其在中药中的金属控制、微量元素分析等方面是首选的定量方法。原子吸收分光光度法具有灵敏度高(可测出10^{-6}~10^{-13} g/mL的待测物)、选择性好(谱线及基体干扰少)、精密度高等特点，因此应用范围广泛。目前原子吸收分光光度法可测定的元素已达70余种，不仅可以测定金属元素，也可以用间接法测定某些非金属元素和有机化合物。

1. 基本原理

(1)共振线与吸收线。

原子由原子核及核外电子组成。原子的核外电子具有不同的能级，不同能级间的能量差是不同的。正常情况下，最外层电子处于最低的能级状态，整个原子也处于最低能级状态，即基态(E_0)。当原子受外界能量(热能、电能或光能)激发时，其最外层电子可能跃迁到能量较高的能级，称为激发态(E_j)。电子从基态跃迁到能量最低的激发态时，所吸收的一定波长的辐射线称为共振吸收线;再跃回基态时,则发射同样波长的辐射线,称为共振发射线。这两种辐射线习惯上都称为共振线。

各种元素的原子结构和外层电子排布不同,不同元素的原子从基态跃迁至第一激发态(或由第一激发态跃迁返回基态)时,吸收(或发射)的能量不同,因而各种元素的共振线不同且各有其特征性,这种共振线就是元素的特征谱线。这种从基态到第一激发态的直接跃迁最易发生,因此对大多数元素来说,共振线就是元素的灵敏线。原子吸收分光光度法就是利用处于基态的待测原子蒸气对从光源辐射的共振线的吸收,由特征谱线被减弱的程度来测定待测元素含量的方法。

(2)原子吸收线的轮廓和变宽。

原子吸收光谱与分子吸收的紫外-可见光谱有相似之处,它们在吸收形式上并无差异,都遵循朗伯-比尔定律,但在吸收机制上存在着本质区别。分子光谱的本质是分子吸收,除了分子外层电子能级跃迁外,同时还有振动能级和转动能级跃迁,所以是一种宽带吸收,吸收宽度为 10^{-1}~1 nm 甚至更宽,可以使用连续光源;原子吸收只是原子外层电子能级的跃迁,是一种窄带吸收,吸收宽度仅在 10^{-3} nm 数量级,通常只能使用锐线光源。从图 2-2 所示的紫外-可见吸收光谱和原子吸收光谱的产生示意图可以看出,原子吸收光谱的谱线非常窄。

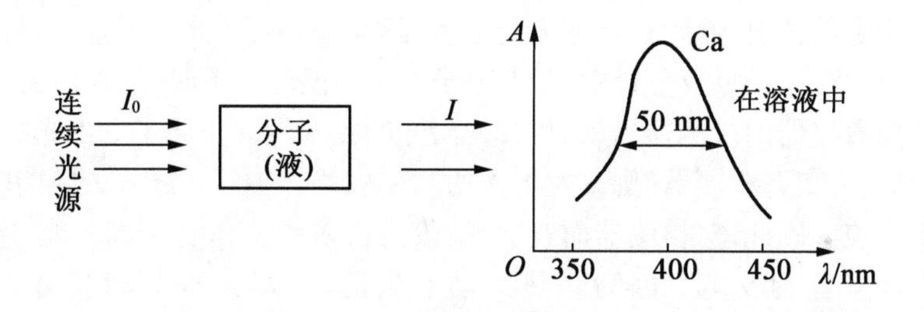

(a)紫外-可见分光光度法

图 2-2 紫外-可见吸收光谱和原子吸收光谱的产生示意图

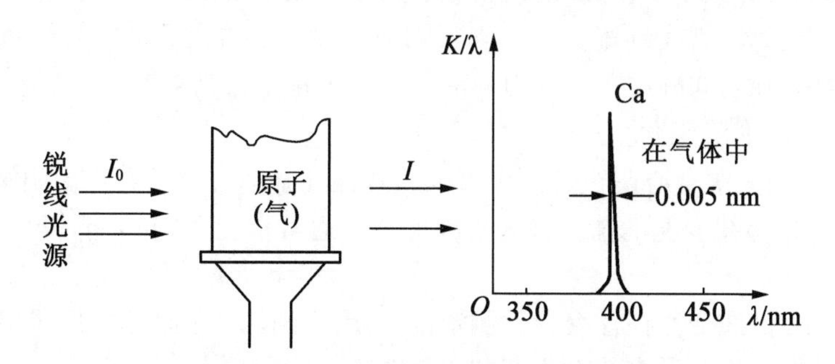

(b)原子吸收分光光度法

续图 2-2

①原子吸收线轮廓。原子光谱的宽度尽管很窄,但实际上并不是一条严格的几何线,而是具有一定宽度的谱线。若将吸收系数 K_ν 对频率 ν 作图,可得到如图 2-3 所示的曲线图,该曲线称为原子吸收线轮廓。K_ν 是基态原子对频率为 ν 的光的吸收系数,在中心频率 ν_0 处

有最大吸收系数，称为峰值吸收系数(K_0)。

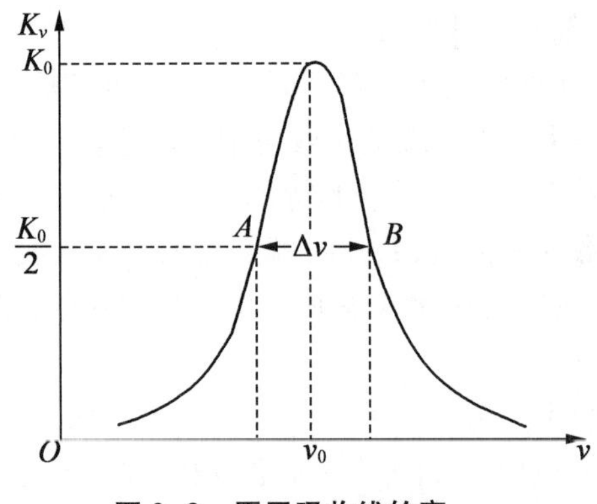

图 2-3　原子吸收线轮廓

原子吸收线轮廓以原子吸收谱线的中心频率和半宽度表征，中心频率由原子能级决定。半宽度是中心频率位置峰值吸收系数一半处，谱线轮廓上两点(如图 2-3 中 A、B 点)之间的频率或波长的距离。

②谱线变宽的因素。在无外界影响下，原子吸收光谱谱线固有的宽度称为自然宽度。自然宽度与激发态原子的寿命有关，寿命越短、谱线的自然宽度越宽。不同谱线有不同的自然宽度。原子吸收光谱的谱线宽度理论上很窄，一般情况下在 10^{-5} nm 数量级，但在实际分析中会出现谱线变宽的情况，原因是半宽度受很多因素的影响，具体如下。

a. 多普勒变宽。在原子吸收分析中，基态原子处于高温环境下时，呈现出无规则随机运动。当一些原子向着仪器的检测器运动时，其发出光的频率较静止原子发出光的频率高；反之，如果原子运动方向离开检测器，则其发出光的频率较静止原子发出光的频率低，这就是物理学的多普勒效应。因此，对检测器而言，会接收到很多频率稍有不同的光，所以谱线变宽，这种现象就是多普勒变宽。因为是热运动产生的，所以又称为热变宽。通常可达 10^{-3} nm 数量级，是谱线变宽的主要因素。

b. 压力变宽。由于压力的改变，吸光原子与蒸气中其他粒子(分子、原子、离子和电子)间相互碰撞引起能级的微小变化，发射或吸收的光量子频率改变而导致的谱线变宽，称为压力变宽。通常压力越大，谱线越宽。

在压力变宽中，凡是同种粒子碰撞引起的变宽称为霍尔兹马克变宽；凡是由异种粒子碰撞引起的变宽称为洛伦茨变宽。

c. 自吸变宽。由光源空心阴极灯阴极周围的同种气态基态原子吸收由阴极发射出的共振线(自吸)，从而使谱线变宽的情况称为自吸变宽。通常情况下，空心阴极灯的电流越大，自吸变宽越严重。

在分析测定中，谱线变宽往往会导致测定的灵敏度下降。在通常的原子吸收分析实验条件下，吸收线的轮廓主要受多普勒变宽和洛伦茨变宽的影响。

(3)原子吸收值与原子浓度的关系。

在实际分析中，对于原子吸收值的测量是以一定强度的单色光 I_0 通过原子蒸气，然后测出被吸收后的光强 I_v，此吸收过程符合朗伯-比尔定律，即

$$I_v = I_o$$

吸光度可用下式表示：

$$A = lgI_o/I_\nu = 2.303K_\nu N_0 L$$

式中，K_ν 为吸收系数；N_0 为基态原子数；L 为原子蒸气的厚度。

当实验条件一定时，N_0 正比于待测元素的浓度 c。因此，原子吸收定量分析的关系式可以写成

$$A = K'c$$

在一定条件下，峰值吸收处测得的吸光度与试样中被测元素的浓度呈线性关系，这就是原子吸收分光光度法定量分析的基础。

2. **原子吸收分光光度计**

原子吸收分光光度计与紫外-可见分光光度计的结构基本相同(图 2-4)，由光源、原子化器、单色器和检测器四部分组成。只是原子吸收分光光度计中，用锐线光源代替了连续光源，用原子化器代替了吸收池。

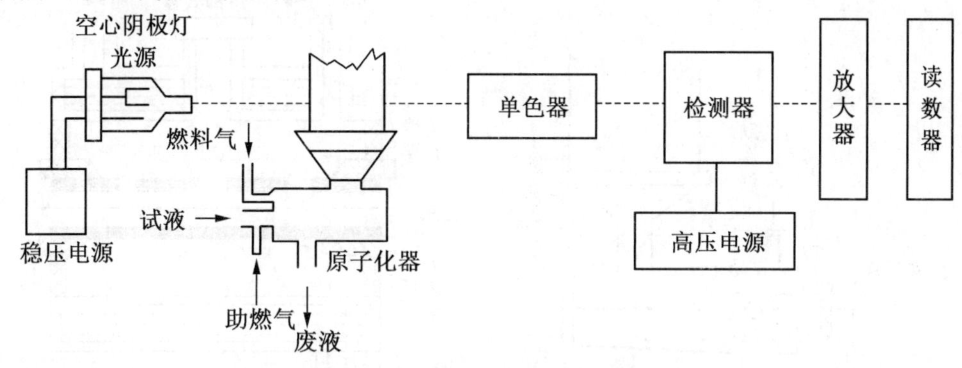

图 2-4　原子吸收分光光度计结构示意图

(1)光源。

光源的作用是发射被测元素跃迁所需的特征谱线。理想的光源应该是稳定性高、辐射强度大、使用寿命长、能发射待测元素的共振线、背景辐射小的。满足这些要求的光源有很多，但最常用的是空心阴极灯，此外还有蒸气放电灯和无极放电灯等。

空心阴极灯又称元素灯，是由玻璃管制成的、封闭着低压气体的放电管，主要由一个用被测元素材料制成的空腔形阴极和一个钨制阳极组成(图 2-5)。阴极为空心圆柱形，由待测元素的高纯金属和合金直接制成，贵重金属以其箔衬在阴极内壁。阳极为钨棒，上面装有钛丝或钽片作为吸气剂。灯的光窗材料根据所发射的共振线波长而定，在可见波段用硬质玻璃，在紫外波段用石英玻璃。管内抽成真空后再充入压强为 267~1 333 Pa 的少量惰性气体(氖或氩等)，其作用是使阴极产生溅射及激发原子发射特征的锐线光谱。

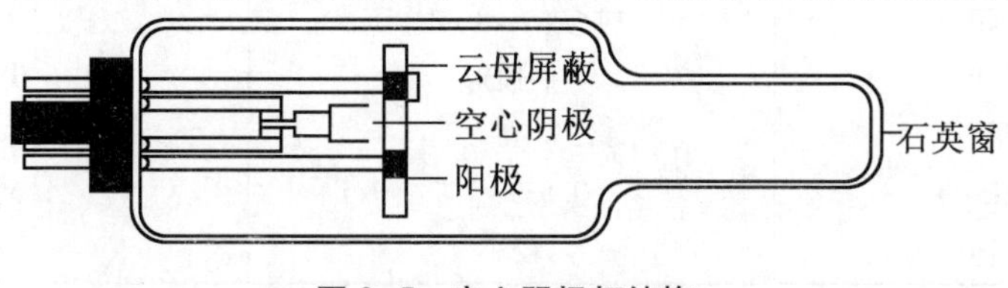

图 2-5　空心阴极灯结构

(2)原子化器。

原子化器的作用是提供能量，使试样干燥、蒸发，并使被测元素转化为气态的基态原子。

入射光束在原子化器中被基态原子吸收，因此也可将其视为“吸收池”。实现原子化的方法有火焰原子化法和非火焰原子化法。

火焰原子化器由化学火焰提供能量，使被测元素原子化。常用的是预混合型火焰原子化器，它包括雾化器、雾化室和燃烧器三部分，结构如图 2-6 所示。液体试样经喷雾器形成雾粒，在雾化室中与气体均匀混合，除去大液滴后再进入燃烧器形成火焰，试液在火焰中产生原子蒸气。

非火焰原子化器应用最广泛的是管式石墨炉原子化器。管式石墨炉原子化器本质上是一个电加热器，试样注入石墨管中，用大电流通过石墨管以产生 2 000~3 000 ℃的高温，使试样干燥、蒸发和原子化。管式石墨炉原子化器主要由炉体、石墨管和电、水、气供给系统组成，如图 2-7 所示。

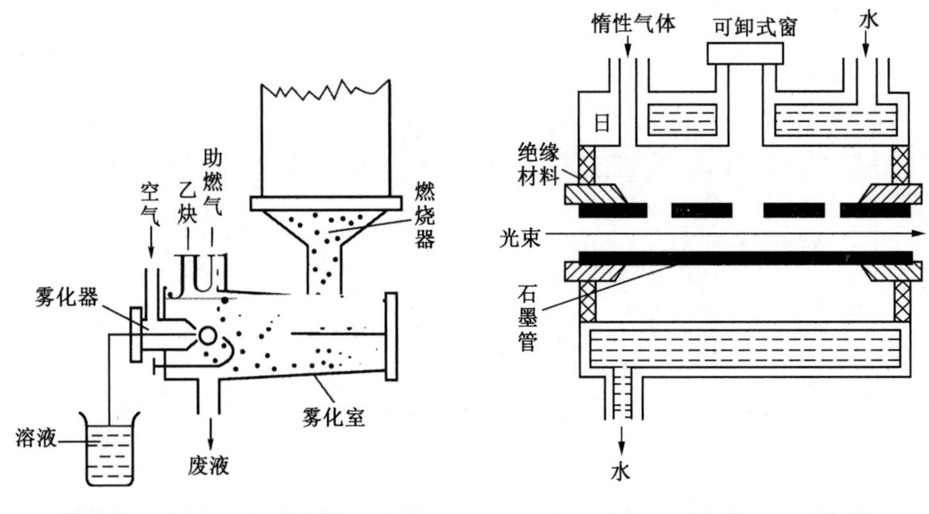

图 2-6　预混合型火焰原子化器

图 2-7　管式石墨炉原子化器

火焰原子化法与石墨炉原子化法的比较见表 2-8。

表 2-8　火焰原子化法与石墨炉原子化法的比较

项目	火焰原子化法	石墨炉原子化法
原子化热源	化学火焰能	电热能
原子化温度	相对较低（一般小于 3 000 ℃）	相对较高（可达 3 000 ℃）
原子化效率	较低（<30%）	高（>90%）
进样体积	较多（1~5 mL）	较少（150 μL）
信号形状	平顶形	尖峰状
检出限	高	低
重现性（RSD）	0.5%~1%	1.5%~5%
基体效应	较小	较大

(3)单色器。

由于原子吸收分光光度计采用锐线光源,因而对单色器分辨率的要求不是很高,其作用是将所需的共振吸收线与邻近谱线分开。单色器位于原子化器的后面,以防止原子化器内发射的干扰辐射进入检测器。色散原件主要是棱镜和光栅,现多用光栅。

(4)检测器。

原子吸收光谱法中,检测器通常使用光电倍增管。光电倍增管的工作电源应有较高的稳定性。如果工作电压过高、照射的光过强或光照时间过长,都会引起疲劳效应。

第3章　水样采集运转与储存

水质分析不仅需要有灵敏度高、精密度好的分析方法，而且要根据分析目的，正确选定采样时间、地点、取样深度、次数、方法及水样的保存技术，同时还需要严谨的质量管理制度。总之，在分析工作中，必须注意各个环节，以保证分析结果真实，为各种用水、科学研究、环境评价等提供可靠材料。

3.1　水样的采集

3.1.1　采样计划

采样前需要根据水质检验目的和水样采样任务制订采样计划，其内容包括采样目的、检验指标、采样时间、采样地点、采样方法、采样频率、采样数量、采样容器与清洗、采样体积、样品保存方法、样品标签、现场测定指标、采样质量控制、样品运输工具和储存条件等。

3.1.2　采样前的准备

(1)采样器材的准备。

采样器材主要包括样品容器和采样器。采集和盛装水样容器的材料应化学稳定性好，保证水样的各组分在储存期内不与容器发生反应；容器形状、大小适宜，能严密封口；容易清洗并可反复使用。常用材料为聚乙烯塑料瓶、一般玻璃瓶和硬质玻璃瓶等。容量大小根据分析项目和数量确定。

(2)保存剂的准备。

各种保存剂的纯度和等级要达到分析方法的要求，按有关规定配制备用，并在每次使用前检查有无沾污的情况。

3.1.3　水样采集方法

供分析用的水样必须具有代表性，不同的水质采样方法也有所不同。各类水样采集的一般方法如下。

(1)采集水样前，应该用水样冲洗采样瓶2~3次，然后将水样收集于水样瓶中，水面距离瓶塞应不少于2 cm，以防温度变化时瓶塞被挤掉。

(2)在江河、胡泊等地表水源采样时，应将水瓶浸入水面下20~50 cm处，使水缓缓流入水样瓶。如遇到水面较宽时，应在不同的地点分别采样，得到有代表性水样。在采集河、湖等较深处水样时，应用深水采样瓶。

(3)采集工业废水水样时，必须首先了解此工厂、企业的生产工艺过程，根据废水生产情况，在一定时间采集废水的平均水样或平均比例水样。如果废水流量比较恒定，则每间隔相同的时间取等量废水混合。废水流量不恒定时,流量大时多取,流量少时少取,然后将每次取得的水样充分混合,再从水中倒出 2 L 于洁净瓶中作为水样。采集生活污水时,应根据分析目的采集平均水样,或每间隔一定的时间单独采样。采样体积根据待测项目和指标多少而不同,一般采集 2~3 L 即可,特殊要求的项目需分别采集。

(4)采集自来水时,应先放水 10~15 min,以排除管道中的积水,然后将胶管的一头接在水龙头上,胶管的另一头插入瓶内,待水从瓶口溢出并使瓶内的水更换几次。

水样采集后,应将水样的说明标签粘贴在水瓶上,以便分析时参考。

3.1.4 采样容器的选择

采集深层水时,可使用带重锤的采样器沉入水中采集。将采样器沉降至所需深度(可从绳上的标度看出),上提细绳打开瓶塞,待水样充满容器后提出。

测定溶解气体(如溶解氧)的水样,常用双瓶采样器采集。将采样器沉入要求水深处后,打开上部的橡胶管夹,水样进入小瓶(采样瓶)并将空气趋入大瓶,从连接大瓶短玻璃管的橡胶管排出,直到大瓶中充满水样,提出水面后迅速密封。

(1)应根据待测组分的特性选择合适的采样容器。

(2)容器或容器盖(塞)的材质应具有化学和生物惰性,不应与水样中组分发生反应,容器壁和容器盖(塞)不溶出、吸收或吸附待测组分。

(3)采样容器应可适应环境温度的变化,具有一定的抗震性能。

(4)采样容器大小与采样量相适宜,能严密封口,并容易打开,且易清洗。

(5)宜尽量选用细口容器,容器盖(塞)的材质应与容器材质统一。特殊情况下需用软木塞或橡胶塞时,应用稳定的金属箔或聚乙烯薄膜包裹,且宜有蜡封(检测石油类水样除外)。采集供有机物和某些微生物检测用的样品时不能用具有橡胶塞的容器,水样呈碱性时不能用具有玻璃塞的采集容器。

(6)测定无机物、金属和类金属及放射性元素的水样应使用有机材质的采样容器,如聚乙烯或聚四氟乙烯容器等。

(7)测定有机物指标的水样应使用玻璃材质的采样容器。

(8)测定微生物指标的水样应使用玻璃材质的采样容器,也可以使用符合要求的一次性采样袋或采样瓶。

(9)测定特殊指标的水样可选用其他化学惰性材质的容器。如热敏物质应选用热吸收玻璃容器;温度高和(或)压力大的样品应选用不锈钢容器;生物(含藻类)样品应选用不透明的非活性玻璃容器;光敏性物质应选用棕色或深色的容器。

3.1.5 采样容器的洗涤

(1)测定一般理化指标采样容器的洗涤。

将容器用水和洗涤剂清洗,除去灰尘和油垢后用自来水冲洗干净,然后用质量分数为10%的硝酸(或盐酸)浸泡 8 h 以上,取出沥净后用自来水冲洗 3 次,并用纯水充分淋洗干净。

(2)测定有机物指标采样容器的洗涤。

用重铬酸钾洗液浸泡 24 h,然后用自来水冲洗干净,用纯水淋洗并沥干后置于烘箱内

180 ℃烘 4 h,冷却后备用;必要时再用纯化过的正己烷、丙酮和甲醇冲洗数次。

(3)测定微生物指标采样容器的洗涤和灭菌。

①容器洗涤。将容器用自来水和洗涤剂洗涤,并用自来水彻底冲洗后用质量分数为10%的硝酸(或盐酸)浸泡 8 h 以上,然后依次用自来水和纯水洗净。

②容器灭菌。容器灭菌可采用干热或高压蒸汽灭菌两种。干热灭菌要求 160 ℃下维持 2 h;高压蒸汽灭菌要求 121 ℃下维持 15 min,高压蒸汽灭菌后的容器如果不立即使用,应置于 60 ℃烘箱内将瓶内冷凝水烘干。灭菌后的容器应在 2 周内使用。

3.1.6 水样采集一般要求

(1)理化指标。

采样前应先用待采集的水样荡洗采样器、容器和塞子 2~3 次(测定石油类水样除外)。

(2)微生物指标。

采样时应做好个人防护,采取无菌操作直接采集,不得用水样荡洗已灭菌的采样瓶或采样袋,并避免手指和其他物品对瓶口或袋口的沾污。

3.1.7 水样采样点布设

一般物理性质、化学成分分析用的水样需要 2 L 即可。如需对水质进行全分析或某些特殊测定则要采集 5~10 L 或更多水样。

采样点布设是关系到水质检测分析数据是否有代表性,能否真实地反映水质现状及变化趋势的关键问题。为获得完整的水质信息,理论上讲,要求检测的空间和时间分辨率越高越好,然而高分辨率的空间和时间检测不但费时费力,而且难于实现。尤其是空间分辨率只能是有限的,水环境检测分析的重要指导思想是以最少(或尽可能少)的监测点位获取最有空间代表性的监测数据,即优化布点问题。

(1)采样断面布设。

采样断面布设法分为分断面布设和多断面布设法。对于江河水系,应在污染源的上、中、下游布设 3 个采样断面,其中上游断面为对照、清洁断面,中游断面为检查断面(或称污染断面),下游段面可称为结果断面。对于湖泊、水库,应在入口与出口处布设 2 个检测断面。断面的位置设定应避开死水区、回水区、排污口等,应尽可能选择顺流河段、稳定河床、平稳水域、无激流、戈浅处。检测的断面力争与水文检测断面保持一致,以便利用其水文参数。

(2)采样点布设。

河流中在每一个采样断面上可根据分析测定情况,沿河流宽度与纵深布设一个或多个采样点。一般采样点布设在水面下方 0.2~0.5 m。还可根据特定需要,在采样点的垂直线上分别采集表层水样(水面下方 0.5~1 m)、深层水样(距离礁石上方 0.5~1 m)和中层水样(表层与深层采样点中心距离处)。

3.1.8 不同水样采样的方法

(1)表层水的采集。

在河流或湖泊可以直接采集水样的场合,可用适当的容器采样。从桥上等地方采样时,可将系着绳子的桶或带有坠子的采样瓶投入水中采集水样。注意,不能混入漂浮于水面上的物质。

(2)一定深度水的采集。

在湖泊或水库等地采集具有一定深度的水时,可用直立式采样器。这类装置是在下沉过程中水从采样器中流过,当达到预定深度时容器能自动闭合而采集水样。在河水流动缓慢的情况下使用上述方法时,宜在采样器下系上适当质量的坠子,当水深流急时要系上相应质量的铅鱼,并配备绞车。上述所采集的水样均应充分混合后作为待检样品送检,以保证水样的代表性。

(3)泉水和井水的采集。

对于自喷的泉水可在涌口处直接采样。采集不自喷泉水时,应将停滞在抽水管中的水汲出,待新水更替后再进行采样。从井中采集水样,应在充分抽汲后进行,以保证水样的代表性。

(4)出厂水的采集。

出厂水的采样点应设置在出厂水进入输(配)送管道之前。

(5)末梢水的采集。

末梢水的采样点应设置在出厂水经输(配)水管网输送至用户的水龙头处。采样时,通常宜放水数分钟,排除沉积物,特殊情况可适当延长放水时间。采集用于微生物指标检验的样品前应对水龙头进行消毒。

(6)二次供水的采集。

可根据实际工作需要在水箱(或蓄水池)进水、出水和(或)末梢水处进行水样采集。

(7)分散式供水的采集。

可根据实际使用情况在取水点或用户储水容器中采集。

3.1.9 水样的过滤和离心分离

在采样时或采样后不久,必要时用滤纸、滤膜、砂芯漏斗或玻璃纤维等过滤样品或将样品离心分离除去其中的悬浮物、沉积物、藻类及其他微生物。在分析时,过滤的目的主要是区分溶解态和吸附态,在滤器的选择上要注意可能的吸附损失,如测有机项目时,一般选用砂芯漏斗和玻璃纤维过滤,测定无机项目时,则常用 0.45 μm 的滤膜过滤。

3.1.10 采样体积

(1)根据测定指标、检验方法及平行样检测所需样品量等情况计算并确定采样体积。

(2)样品采集时应分类采集,采样体积可参考表 3-1,也可根据具体检验方法选择采样体积。

(3)有特殊要求指标的采样体积应根据检验方法的具体要求确定。

表 3-1　生活饮用水常规指标及扩展指标的采样体积

指标类型	指标分类	采样容器	保存方法	采样体积/L
常规指标	一般理化	G、P	0~4 ℃冷藏，避光	3~5
	氰化物	G	加入氢氧化钠（NaOH），调至 pH≥12，0~4 ℃冷藏，避光。水样如有余氯，现场加入适量抗坏血酸除去	1
	一般金属和类金属	P	加入硝酸（HNO_3），调至 pH≤2	0.5~1
	砷	P	加入 HNO_3，调至 pH≤2。采用氢化物发生技术分析时，加入盐酸（HCl）调至 pH≤2	0.2
常规指标	铬（六价）	G、P（内壁无磨损）	加入 NaOH，将 pH 调至 7~9	0.2
	高锰酸盐指数	G	每升水样加入 0.8 mL 浓硫酸（H_2SO_4），0~4 ℃冷藏	0.5
	挥发性有机物	G	加入 HCl（体积比为 1 : 1），调至 pH≤2，水样应充满容器至溢流并密封，0~4 ℃冷藏，避光。对于含余氯等消毒剂的水样，每升水样加入 0.01~0.02 g 抗坏血酸	0.2
	氨（以 N 计）	G、P	每升水样加入 0.8 mL H_2SO_4，0~4 ℃冷藏，避光	0.5
	放射性指标	P	加入 HNO_3，调至 pH<2	3~5
	微生物（细菌类）	G（无菌）	0~4 ℃冷藏，避光。对于含余氯等消毒剂的水样，每升水样加入 0.8 mg 硫代硫酸钠（$Na_2S_2O_3 \cdot 5H_2O$）	0.5
		P（市售无菌即用型）	0~4 ℃冷藏，避光	
扩展指标	挥发酚类*	G	加入 NaOH，调至 pH≥12，0~4 ℃冷藏，避光。水样如有余氯，现场加入适量抗坏血酸除去	1
	一般金属和类金属	P	加入 HNO_3，调至 pH≤2	0.5~1
	银	G、P（棕色）	加入 HNO_3，调至 pH≤2	0.5
	硼	P	—	0.2
	挥发性有机物	G	加入 HCl（体积比为 1 : 1），调至 pH≤2，水样应充满容器至溢流并密封，0~4 ℃冷藏，避光。对于含余氯等消毒剂的水样，每升水样加入 0.01~0.02 g 抗坏血酸	0.2

续表 3-1

指标类型	指标分类	采样容器	保存方法	采样体积/L
扩展指标	农药类	G(衬聚四氟乙烯盖)	0~4 ℃冷藏,避光。对于含余氯等消毒剂的水样,每升水样加入 0.01~0.02 g 抗坏血酸	2.5
	邻苯二甲酸酯类	G	0~4 ℃冷藏,避光。对于含余氯等消毒剂的水样,每升水样加入 0.01~0.02 g 抗坏血酸	1
	贾第鞭毛虫和隐孢子虫	P	0~4 ℃冷藏,避光	根据采用的检测方法确定

注:G 为洁净磨口硬质玻璃瓶;P 为洁净聚乙烯瓶(桶或袋),P(市售无菌即用型)中含有保存剂。

对于含余氯等消毒剂的水样,现场根据余氯含量确定加入抗坏血酸的量。余氯含量与加入抗坏血酸的量呈线性关系,当水样中余氯质量浓度为 0.05 mg/L 时,每升水样加入 1.6 mg 抗坏血酸;余氯质量浓度为 0.3 mg/L 时,每升水样加入 3.0 mg 抗坏血酸;余氯质量浓度为 1.0 mg/L 时,每升水样加入 6.0 mg 抗坏血酸。

3.1.11 注意事项

(1)采集几类检测指标的水样时,应先采集供微生物指标检测的水样。

(2)采样时应去掉水龙头上的过滤器和(或)雾化喷头等。

(3)采样时不可搅动水底的沉积物。

(4)采集测定石油类的水样时,应在水面至水面下 30 cm 采集柱状水样,全部用于测定。不能用水样荡洗采样器(瓶)。

(5)采集测定溶解氧、生化需氧量和有机污染物的水样时应将水样充满容器,上部不留空间,并采用水封。

(6)含有可沉降性固体(如泥沙等)的水样,应分离除去沉淀后的可沉降性固体。分离方法为:将所采水样摇匀后倒入筒形玻璃容器(如量筒),静置 30 min,将上层水样移入采样容器并加入保存剂。测定总悬浮物和石油类的水样除外。需要分别测定悬浮物和水中所含组分时,应在现场将水样经 0.45 μm 滤膜过滤后,分别加入固定剂保存。

(7)石油类、生化需氧量、硫化物、微生物和放射性等指标检测应单独采样。

(8)采样前注意观察可能对样品检测造成影响的环境因素,如异常气味,并应采取相应的措施进行消除。

(9)完成现场测定的水样,不能带回实验室供其他指标测定使用。

3.2 水样的运输

3.2.1 水样的管理

样品是从各种水体及各类型水中取得的实物证据和资料，水样妥善而严格的管理是获得可靠监测数据的必要手段。

对所需要现场测试的项目，如 pH、电导率、温度、溶解氧、流量等应按表 3-2 进行记录，并妥善保管现场记录。

水样采集后，往往根据不同的分析要求分装成数份，并分别加入保存剂。对每一份样品都应附一张完整的水样标签。水样标签的设计可以根据实际情况，一般包括采样目的、监测点数目、位置、监测日期、时间、采样人员等。标签使用不褪色的墨水填写，并牢固地粘贴在盛装水样的容器外壁上。

3.2.2 水样的运转

水样采集后必须立即送回实验室，根据采样点的地理位置和每个项目分析前最长可保存的时间，选用适当的运输方式，在现场工作开始之前，要安排好水样的运输工作，以防延误。

同一采样点的样品应装在同一包装箱内，若分装在两个或几个箱子中时，则需在每个箱内放入相同的现场采样记录。运输前应检查采样记录上的所有水样是否全部装箱。要用红色在包装箱顶部和侧面标识上“切勿倒置”的标记字样。

表 3-2 采样现场数据记录

<table>
<tr><td colspan="5" rowspan="4">现场数据记录</td><td colspan="5">采样人员：</td></tr>
<tr><td colspan="5"></td></tr>
<tr><td colspan="5"></td></tr>
<tr><td colspan="5"></td></tr>
<tr><td rowspan="2">采样
地点</td><td rowspan="2">样品
编号</td><td rowspan="2">采样
日期</td><td colspan="2">时间/h</td><td rowspan="2">pH</td><td rowspan="2">温度</td><td colspan="3" rowspan="2">其他参量</td></tr>
<tr><td>采样
开始</td><td>采样
结束</td></tr>
<tr><td></td><td></td><td></td><td></td><td></td><td></td><td></td><td></td><td></td><td></td></tr>
<tr><td></td><td></td><td></td><td></td><td></td><td></td><td></td><td></td><td></td><td></td></tr>
<tr><td></td><td></td><td></td><td></td><td></td><td></td><td></td><td></td><td></td><td></td></tr>
<tr><td></td><td></td><td></td><td></td><td></td><td></td><td></td><td></td><td></td><td></td></tr>
<tr><td></td><td></td><td></td><td></td><td></td><td></td><td></td><td></td><td></td><td></td></tr>
</table>

每个水样瓶均需贴上标签，内有采样点位编号、采样日期和时间、测定项目、保存方法，并写明用何种保存剂。

在样品运输过程中应有押运人员，防止样品损坏或受沾污。移交实验室时，交接双方应一一核对样品，办妥交接手续，并在管理程序记录卡片（表 3-3）上签字。

表 3-3 管理程序记录卡片

<table>
<tr><td>课题编号</td><td colspan="2"></td><td>课题名称</td><td colspan="2"></td><td rowspan="3">样品容器编号</td><td rowspan="3" colspan="5">备注：</td></tr>
<tr><td colspan="6">采样人员（签字）：</td></tr>
<tr><td>采样点编号</td><td>日期</td><td>时间</td><td>混合样</td><td>定时样</td><td>采样位置</td></tr>
<tr><td></td><td></td><td></td><td></td><td></td><td></td><td></td><td></td><td></td><td></td><td></td><td></td></tr>
<tr><td></td><td></td><td></td><td></td><td></td><td></td><td></td><td></td><td></td><td></td><td></td><td></td></tr>
<tr><td></td><td></td><td></td><td></td><td></td><td></td><td></td><td></td><td></td><td></td><td></td><td></td></tr>
<tr><td></td><td></td><td></td><td></td><td></td><td></td><td></td><td></td><td></td><td></td><td></td><td></td></tr>
<tr><td></td><td></td><td></td><td></td><td></td><td></td><td></td><td></td><td></td><td></td><td></td><td></td></tr>
<tr><td rowspan="2" colspan="3">转交人签字：</td><td>日期</td><td></td><td rowspan="2" colspan="2">接收人签字：</td><td>日期</td><td></td><td rowspan="2" colspan="3">备注：</td></tr>
<tr><td>时刻</td><td></td><td>时刻</td><td></td></tr>
<tr><td rowspan="2" colspan="3">转交人签字：</td><td>日期</td><td></td><td rowspan="2" colspan="2">接收人签字：</td><td>日期</td><td></td><td rowspan="2" colspan="3">备注：</td></tr>
<tr><td>时刻</td><td></td><td>时刻</td><td></td></tr>
<tr><td rowspan="2" colspan="3">转交人签字：</td><td>日期</td><td></td><td rowspan="2" colspan="2">接收人签字：</td><td>日期</td><td></td><td rowspan="2" colspan="3">备注：</td></tr>
<tr><td>时刻</td><td></td><td>时刻</td><td></td></tr>
</table>

污水样品的组成往往相当复杂，其稳定性通常比地表水样更差，应设法尽快测定。保存和运输方面的具体要求参照地表水样的有关规定执行。

3.2.3 水样运转的规定

（1）盛水容器应当妥善包装，以免它们的外部受到污染，尤其是水样瓶颈部和瓶塞在运送过程中不应破损或丢失。

（2）为防止样品容器在运送过程中振动碰壁而破损，最好将样品瓶装箱并采用泡沫塑料减震或碰撞。

（3）需要冷藏的样品必须到达冷藏的规定。水样寄存点要尽量远离热源，不要放在会导致水温升高的地方（如汽车发动机旁），防止阳光直射。冬季采集的水样可能结冰，加入盛水器用的是玻璃瓶，则应采用保温措施以避免破裂。

（4）根据所检测的项目规定，水样要在保留时间内送达检测室，并同步考虑检测准备工作所需要的时间。

3.2.4 样品管理

（1）除用于现场测定的样品外，其余水样都应运回实验室进行检验分析。在水样的运输和实验室管理过程中应保证其性质稳定、完整、不受污染、损坏和丢失。

（2）现场测试样品应详细记录现场检测结果并妥善保管。

(3)实验室测试样品应准确填写采样记录和标签,并将标签粘贴在采样容器上,注明水样编号、采样者、日期、时间及地点等相关信息。在采样时,还应记录所有野外调查及采样情况,包括采样目的、采样地点、样品种类、编号、数量、样品保存方法及采样时的气候条件等。

3.2.5 样品运输

(1)水样采集后应立即送回实验室检验分析。样品运送应根据采样点的地理位置和测定指标的最长可保存时间选用适当的运输方式,在现场采样工作开始之前应安排好运输工作,以防延误。

(2)样品装运前应逐一与样品登记表、样品标签和采样记录进行核对,核对无误后分类装箱。

(3)塑料容器要塞紧内塞,拧紧外盖,贴好密封带。玻璃瓶要塞紧磨口塞,并用细绳将瓶塞与瓶颈拴紧,或用封口胶(或石蜡)封口。待测石油类的水样不能用石蜡封口。

(4)需要冷藏的样品,应配备专门的隔热容器,并放入制冷剂。

(5)冬季应采取保温措施,以防采样容器冻裂。

(6)样品在运输过程中应做好保护措施,防止样品因振动和(或)碰撞而损失或污染。

3.2.6 采样质量控制

(1)质量控制的目的。

保证采样全过程质量,防止样品采集过程中水样受到污染或发生性状改变。

(2)现场空白。

①现场空白是在采样现场以纯水作为样品,按照测定指标的采样方法和要求,在与样品相同的条件下装瓶、保存和运输,直至送交实验室分析。

②通过将现场空白与实验室空白测定结果对照,掌握采样过程中操作步骤和环境条件对样品中待测物浓度影响的情况。

③现场空白所用的纯水要用洁净的专用容器,由采样人员带到采样现场,运输过程中应注意防止污染。

④每批样品至少设一个现场空白。

(3)运输空白。

①运输空白是以纯水作为样品,从实验室到采样现场又返回实验室。运输空白可用来掌握样品运输、现场处理和储存期间带来的可能污染。

②每批样品至少设一个运输空白。

(4)现场平行样。

①现场平行样是在相同的采样条件下,采集平行双样送实验室分析。

②现场平行样要注意控制采样操作和条件的一致。对水样中非均相物质或分布不均匀的污染物,在样品灌装时应摇动采样器,使样品保持均匀。

③现场平行样的数量一般控制在样品总量的10%以上。

(5)现场加标样或质控样。

①现场加标样是取一组现场平行样,将实验室配制的一定浓度的被测物质的标准溶液加入到其中一份水样中,另一份水样不加,然后按样品要求进行处理,送实验室分析。将测

定结果与实验室加标样对比，掌握测定对象在采样和运输过程中的准确度变化情况。现场加标样除加标过程在采样现场进行外，其他要求与实验室加标样一致。现场使用的标准溶液与实验室使用的应为同一标准溶液。

②现场质控样是将与样品基体组分接近的质控样带到采样现场，按样品要求处理后与样品一起送实验室分析。

③现场加标样或质控样的数量一般控制在样品总量的10%以上。

3.3 水样的储存

水样采集后，应尽快送到实验室进行分析，采样的时间与检测的时间相隔越短，其分析结果的准确性与可信度越高。检测水样放置时间过长，水样会发生一系列的化学反应与生物反应，例如：水温、溶解氧、CO_2、色度、亚硝酸盐氮、pH、酸碱度、浊度、余氯等，使其组成成分发生变化，所以对某些水样的化学组成和物理性质必须在现场进行检测。

水样保存期限取决于水样的性质、测定项目的要求和保存条件，一般用于水质理化测定的水样，保存时间越短越好。

3.3.1 水样的储存方法

水样如果不能及时分析，应设法防止水质发生变化采取一些措施，降低化学反应速度，防止成分的分解和沉淀的产生，减慢化合物或络合物的水解和氧化还原作用，减少成分的挥发、溶解和物理吸附。通常的水样保存方法如下。

(1)冷藏或冰冻。

样品在4 ℃冷藏或水样迅速冷冻，储存于暗处可抑制生物活动，减缓物理挥发作用和化学反应速率。

(2)加入化学保存剂。

①控制溶液pH。测定金属离子的水样常用硝酸酸化至pH为1~2，可防止重金属的水解沉淀，又可防止金属在器壁表面的吸附，同时抑制微生物的活动。大多数金属可以稳定数周或数月，测定氰化物的水样需加氰化钠至pH为12。

②加入抑制剂。为了抑制微生物作用，可在样品中加入抑制剂。如在检测氨氮、硝酸盐氮和COD的水样中，加入氯化汞或三氯甲甲苯作为保护剂抑制微生物对亚硝酸盐、硝酸盐、氨盐的氧化还原作用。

③加入氧化剂。水样中痕量汞容易被还原，引起汞的挥发性损失，加入硝酸-重铬酸钾溶液可使汞维持在高氧化态，改善汞的稳定性。

④加入还原剂。测定硫化物的水样可加入抗坏血酸保存。

样品保存剂如酸、碱或其试剂在采样前应进行空白实验，其纯度和等级必须达到分析的要求。

常用的水样保存试剂、作用和适用的分析项目见表3-4。

表 3-4　常用的水样保存试剂、作用和适用的分析项目

保存试剂	作用	适用的分析项目
$HgCl_2$	细菌抑制剂	各种形式的氮、磷
HNO_3	金属溶剂,防止沉淀	多种金属
H_2SO_4	细菌抑制剂,与有机碱中和成盐	有机水样(COD、TOC、油和油脂)、氨和胺类
NaOH	与挥发化合物形成盐类	氰化物、有机酸类、酚类
冷冻	抑制细菌生长,降低化学反应速度	酸度、碱度、有机物、BOD、色度、嗅阈值、有机磷、有机氮、生物机体

3.3.2　水样的保存条件

不同检查项目样品的保存条件不同。由于地表水、废水(或污水)样品的成分不同,同样保存条件很难保证对不同类样品中待测物都是可行的。因此,在采样前应根据样品的性质、组成和环境条件检验保存方法或选用保存剂的可靠性。经研究表明,污水或受纳污水的地表水在测定重金属、Pb、Cd、Cu、Zn 等,往往需要加入酸的质量分数达到 1%才能保证重金属不沉淀或者不被容器壁吸附,水样收集及保存试剂见表 3-5。

表 3-5　水样收集及保存试剂

项目	容器	保存试剂	储藏
色、嗅、味、浑浊度	玻璃瓶	—	4 ℃,12 h 内测定
一般金属	聚乙烯瓶	加浓 HNO_3 至 $pH<2$	室温
氨氮、硝酸盐、氮、COD	聚乙烯瓶	加浓 H_2SO_4 至 $pH<2$	24 h 内测定
苯酚、氰化物	棕色玻璃瓶	加 NaOH 至 $pH>12$	4 ℃,24 h 内测定
溶解氧	玻璃瓶	少量硫酸锰和碘化钾	4 ℃,12 h 内测定
多环芳烃、混合有机物	棕色玻璃瓶	—	4 ℃
挥发性有机物	玻璃瓶	少量抗坏血酸	4 ℃,12 h 内测定
农药、除草剂、邻苯二甲酸酯类	玻璃瓶	少量抗坏血酸	24 h 内测定
油类	广口玻璃瓶	加 HCl 至 $pH<2$	7 d
放射性物质	聚乙烯瓶	—	5 d

3.3.3　水样保存

(1)保存措施。

应根据测定指标选择适宜的保存方法,主要有冷藏、避光和加入保存剂等。

(2)保存剂。

①保存剂不应干扰待测物的测定,不能影响待测物的浓度。如果是液体,应校正体积的变化。保存剂的纯度和等级应达到分析的要求。

②保存剂可预先加入采样容器中，也可在采样后尽快加入。易变质的保存剂不能预先添加。

(3)保存条件。

①水样的保存期限主要取决于待测物的浓度、化学组成和物理化学性质。

②由于水样的组分、目标分析物的浓度和性质不同，检验方法多样，水样保存宜优先参照检验方法中的规定，若检验方法中没有规定，可参照表3-6。当水样中含有余氯等消毒剂干扰测定，需加入抗坏血酸或硫代硫酸钠等还原剂时，应根据消毒剂浓度设定适宜的加入量，以达到消除干扰的目的。

③水样采集后应尽快测定。水温和余氯等指标应在现场测定，其余指标的测定也应在规定时间内完成。

表3-6 采样容器和水样的保存方法

项目	采样容器	保存方法	保存时间
浑浊度与色度	G、P	0~4 ℃冷藏	24 h
pH*	G、P	0~4 ℃冷藏	12 h
电导率	G、P	—	12 h
碱度	G、P	0~4 ℃冷藏，避光	12 h
酸度	G、P	0~4 ℃冷藏，避光	30 d
高锰酸盐指数	G	每升水样加入0.8 mL浓H_2SO_4，0~4 ℃冷藏	24 h
溶解氧	溶解氧瓶	加入硫酸锰($MnSO_4$)、碱性碘化钾(KI)-叠氮化钠(NaN_3)溶液，现场固定	24 h
生化需氧量	溶解氧瓶	0~4 ℃冷藏，避光	6 h
总有机碳	G	加入H_2SO_4，调至pH≤2	7 d
氟化物	P	0~4 ℃冷藏，避光	14 d
氯化物	G、P	0~4 ℃冷藏，避光	28 d
溴化物	G、P	0~4 ℃冷藏，避光	14 h
碘化物	G、P	水样充满容器至溢流并密封保存，0~4 ℃冷藏，避光	30 d
硫酸盐	G，P	0~4 ℃冷藏，避光	28 d
磷酸盐	G	0~4 ℃冷藏，避光	48 h
氨(以N计)	G、P	每升水样加入0.8 mL浓H_2SO_4，0~4 ℃冷藏，避光	24 h
亚硝酸盐(以N计)	G、P	0~4 ℃冷藏，避光	尽快测定
硝酸盐(以N计)	G、P	0~4 ℃冷藏，避光	48 h

续表 3-6

项目	采样容器	保存方法	保存时间
硫化物	G	每 500 mL 水样加入 1 mL 乙酸锌溶液(220 g/L),混匀后再加入 1 mL 氢氧化钠溶液(40 g/L),避光	7 d
氰化物与挥发酚类	G	加入 NaOH,调至 pH≥12,0~4 ℃冷藏,避光。水样如有余氯,现场加入适量抗坏血酸除去	24 h
硼	P	—	14 d
一般金属和类金属	P	加入 HNO_3,调至 pH≤2	14 d
银	G、P(棕色)	加入 HNO_3,调至 pH≤2	14 d
砷	P	加入 HNO_3,调至 pH≤2。采用氢化物发生技术分析时,加入 HCl,调至 pH≤2	14 d
铬(六价)	G、P(内壁无磨损)	加入 NaOH,将 pH 调至 7~9	48 h
石油类	G(广口瓶)	加入 HCl,调至 pH≤2	7 d
农药类	G(衬聚四氟乙烯盖)	0~4 ℃冷藏,避光。对于含余氯等消毒剂的水样,每升水样加入 0.01~0.02 g 抗坏血酸	24 h
邻苯二甲酸酯类	G	0~4 ℃冷藏,避光。对于含余氯等消毒剂的水样,每升水样加入 0.01~0.02 g 抗坏血酸	24 h
挥发性有机物	G	加入 HCl(1∶1),调至 pH≤2,水样应充满容器至溢流并密封,0~4 ℃冷藏,避光。对于含余氯等消毒剂的水样,每升水样加入 0.01~0.02 g 抗坏血酸	12 h
甲醛、乙醛、丙烯醛	G	每升水样加入 1 mL 浓 H_2SO_4,0~4 ℃冷藏,避光	24 h
放射性指标	P	加入 HNO_3,调至 pH<2	30 d
微生物(细菌类)	G(无菌)	0~4 ℃冷藏,避光。对于含余氯等消毒剂的水样,每升水样加入 0.8 mg 硫代硫酸钠($Na_2S_2O_3 \cdot 5H_2O$)	8 h

续表 3-6

项目	采样容器	保存方法	保存时间
微生物(细菌类)	P(市售无菌即用型)	0~4 ℃冷藏,避光	—
贾第鞭毛虫和隐孢子虫	P	0~4 ℃冷藏,避光	72 h

注:G 为洁净磨口硬质玻璃瓶;P 为洁净聚乙烯瓶(桶或袋),P(市售无菌即用型)中含有保存剂。

*表示宜现场测定。

对于含余氯等消毒剂的水样,现场根据余氯含量确定加入抗坏血酸的量。余氯含量与加入抗坏血酸的量呈线性关系,当水样中余氯质量浓度为 0.05 mg/L 时,每升水样加入 1.6 mg 抗坏血酸;余氯质量浓度为 0.3 mg/L 时,每升水样加入 3.0 mg 抗坏血酸;余氯质量浓度为 1.0 mg/L 时,每升水样加入 6.0 mg 抗坏血酸。

第 4 章　水质的指标

正常饮用水的水质标准是保证人们健康饮水的基本要求。水质标准是根据水的化学成分、物理性质和微生物等方面制定的,以确保水的安全和卫生。

1 个水分子(H_2O)是由 1 个氧原子和 2 个氢原子弯曲键结而成的。由于正、负电荷的中心不一致,因此属于极性分子。当 2 个水分子同时存在时,二者会由静电交互作用与氢键结合,互相吸引并保持一定的距离。而 1 个水分子可以同时与 4 个水分子结合,形成晶体般的整齐结构。

水分子聚合体中,由于氢键键结的网状结构会部分断裂,而形成逐次移动变化的状态,因此水在整体上呈现液态,而此结构变化每秒可达 1 012 次。

一般而言,水中若含有适量的钠、钾离子及硅酸盐等矿物质口味较好,若含有大量残留的盐类,如镁、钙等非酸碱中性盐类,则口味不佳。也就是说,水中还含有许多其他的成分,而这些成分的种类和含量决定了水的味道。

水极易溶解盐类,即使阴阳离子经由静电的交互作用很强地结合在一起,在水中也很容易电解。这是因为水分子可以与离子结合产生“水合离子”。离子的半径很小,电荷大的离子会与水分子产生强力的交互作用,由水分子在离子的周围紧密排列。这时,阳离子会与带负极矩的氧原子相互作用,而阴离子则形成相反的结构。

4.1　水的化学成分

水的化学成分是评估水质的重要指标之一。水中的化学成分主要包括溶解氧、pH、总硬度、重金属等。溶解氧是水中溶解的氧气的含量,其浓度直接影响水体中的生物生存。正常饮用水中的溶解氧质量浓度应在 5~8 mg/L 之间。pH 是衡量水体酸碱性的指标,正常饮用水的 pH 应在 6. 5~8. 5 之间。总硬度是水中钙、镁等离子的质量浓度,一般应控制在 150~300 mg/L 范围内。正常饮用水中重金属的含量应低于国家标准规定的安全限值,如铅、镉、汞等重金属的质量浓度应小于 0. 01 mg/L。

4.2　水中存在的杂质

(1)可溶性无机物。包括无机盐类、溶解气体、重金属、硬度成分(钙、镁等)。

(2)可溶性有机物。包括木质素、单宁、腐殖酸、内毒素、RNA 分解酶、农药、三氯甲烷、环境激素物质、界面活性剂、有机溶剂。

(3)微粒子。铁锈、胶体、悬浮物、固体颗粒。

(4)微生物。细菌类、藻类。

4.3 实验室用水要求

实验是指对现象所推测的假设加以验证的动作。假设能否被证明为真理,与假设能否具有再现性的结果至关重要。实验的再现性除了要有良好的技巧,还受到所用化学试剂的纯度和分析仪器的精密度的影响。实验中用来配制溶液的化学试剂及所使用的水的纯度也非常重要。假设水中污染物对实验检测会造成影响,就必须去除这些物质。此外,为了取得良好的再现性结果,使用能保持稳定水质的纯水是必要的。

随着实验用分析系统灵敏度的提高,对水的纯度有了更高的要求。

在水中,将距离 1 cm 的两片表面积为 1 cm^2 大小的电极加以通电,来监测两极间的导电率,通过所加电压和测得的电流能够获得两极间的电阻值,该数值在水质分析中通常被称为电阻率或比电阻,其单位用 MΩ · cm 来表示。电阻率的倒数称为电导率,用 μs/cm 来表示,这两个参数是表示水的纯度最常用的参数。

将自来水中的离子去除,会使电阻率值升高(电导率降低),但并非无限制地增加,这是因为部分水分子会电离为氢离子和氢氧根离子,其电阻率值极限值为 18.248 MΩ · cm (25 ℃)。此外,电阻率值会随着水的电离常数而改变,因而会受到水温的影响。例如,25 ℃的超纯水,其电阻值为 18.2 MΩ · cm,但在 0 ℃则为 84.2 MΩ · cm,100 ℃则为 1.3 MΩ · cm。在 25 ℃附近,当温度上升 1 ℃,其电阻值将下降 0.84 MΩ · cm。因此,多使用补偿至 25 ℃的电阻率值来做衡量标准。

此外,总有机碳(TOC)含量、热源内毒素含量、细菌含量、颗粒含量、微生物含量、总溶解固体含量(TDS)等也常常被用作补充说明水质的重要参数。因此,水的纯度标准通常由以上这些参数的一项或几项来综合说明、分级。

4.4 纯水的分级标准

实验室纯水可分为 4 个常规等级:纯水、去离子水、实验室Ⅱ级纯水和超纯水。

(1)纯水。

纯水的纯化水平最低,通常电导率在 1~50 μs/cm 之间。它可由单一弱碱性阴离子交换树脂、反渗透或单次蒸馏制成。典型的应用包括玻璃器皿的清洗、高压灭菌器、恒温恒湿实验箱和清洗机用水。

(2)去离子水。

去离子水的电导率通常在 1.0~0.1 μs/cm 之间。通过采用含强阴离子交换树脂的混床离子交换制成,但它有相对较高的有机物和细菌污染水平,能满足多种需求,如清洗、制备分析标准样、制备试剂和稀释样品等。

(3)实验室Ⅱ级纯水。

实验室Ⅱ级纯水的电导率小于 1.0 μs/cm,TOC 质量浓度小于 50 μg/L,细菌含量低于 1 CFU/mL。其水质可适用于多种需求,从试剂制备和溶液稀释,到为细胞培养配备营养液和微生物研究。这种纯水可双蒸而成,也可以再结合吸附介质和紫外(UV)灯。

(4)超纯水。

超纯水在电阻率、有机物含量、颗粒和细菌含量方面接近理论上的纯度极限,通过离子交换、RO膜或蒸馏手段预纯化,再经过核子级离子交换精纯化得到超纯水。通常超纯水的电阻率可达18.2 MΩ·cm,TOC质量浓度小于10 μg/L,滤除0.1 μm甚至更小的颗粒,细菌含量低于1 CFU/mL。超纯水适合多种精密分析实验的需求,如高效液相色谱(HPLC)、离子色谱(IC)和离子捕获-质谱(ICP-MS)。少热源超纯水适用于真核细胞培养等生物应用,超滤技术通常用于去除大分子生物活性物质,如热源(结果小于0.005 IU/mL)以及无法检测到的核酸酶和蛋白酶。

4.5 实验室用水标准

目前,世界上比较通用的纯水标准主要有以下几个:国际标准化组织(ISO)、美国临床病理学会(CAP)试药级用水标准、美国测试和材料实验社团组织(ASTM)、临床实验标准国际委员会(NCCLS)、美国药学会(USP)等。同时,我国也有相应的纯水标准:《分析实验室用水规格和实验方法》(GB/T 6682—2008)等。因此市面上绝大多数的纯水系统,无论是进口的还是国产的,都是依据这些标准来设计流程的。

4.6 水的物理性质

水的物理性质也是正常饮用水的水质标准之一。物理性质主要包括水的色度、浊度、气味和味道等。正常饮用水的色度应为无色或淡黄色,浊度应小于5°。水的气味和味道应清淡,无异味。如果水的物理性质超出了标准范围,可能会影响人们对水的接受程度,甚至引起不适。

虽然水是许多物理常数的标准,但是它本身却具有一些特殊的物理性质。与绝大多数物质凝固时体积缩小、密度增大的情况不同,水结冰时体积变大,密度减小;与绝大多数物质的密度随着温度的降低而增大的情况不同,水的密度在277.14 K时有一个最大值;在所有固态和液态物质中,水的比热容最大;水的分子质量虽然不大,但其沸点和蒸发热却相当高;同族同类型化合物的沸点及凝固点一般都随分子质量的增加而增高,而水与其同族分子质量比它大的同类物的沸点及凝固点还要高;在众多的物质中,水的介电常数特别大,因此也是特别优良的极性溶剂。所有这些“反常”现象,都与水能形成氢键并发生缔合作用密切相关。

在没有空气存在和小于饱和蒸气压力的条件下于石英毛细管内冷凝水蒸气,可以得到比普通水更浓、更黏、较难挥发和热膨胀系数较高的“反常水”或“多聚水”。这种“反常水”的结构甚至是组成都是未确定的。至于其反常性质,经研究几乎可以确信,是由杂质存在引起的,而纯的“反常水”并不存在。

4.6.1 水的色度

色度(chromaticity)即水的颜色,是指水中的溶解性物质或胶体状物质所呈现的类黄色乃至黄褐色的程度。水的色度分为表色和真色两种。表色是指没有除去悬浮物的水所具有的颜色,包括由溶解性物质和不溶解性悬浮物质产生的颜色。真色是指除去悬浮物后水的颜色,仅由溶解性有色物质所产生。清洁或浊度很低的水,其真色和表色相近;着色很深、悬浮物较多的工业废水、生活污水二者差别较大。水质理化检验通常只测定真色。

水质色度是对天然水或处理后的各种水进行颜色定量测定时的指标。天然水经常显示浅黄、浅褐、黄绿等不同颜色。产生颜色是由溶于水的腐殖质、有机物或无机物质造成的。

当水体受到工业废水的污染时也会呈现不同的颜色,这些颜色分为真色和表色,真色是由水中溶解性物质引起的,也就是除去水中悬浮物后的颜色,而表色是没有除去水中悬浮物时产生的颜色。这些颜色的定量程度就是色度。

1. 水质色度的要求

各种用途的水对于色度都有一定要求:

①生活用水色度要求小于15°;

②造纸工业用水色度要求小于15°;

③纺织工业用水色度要求小于10°;

④染色用水色度要求小于5°。

2. 水质色度检测方法

(1)铂-钴标准比色法。

铂-钴标准比色法利用氯铂酸钾和氯化钴配成与天然水黄色色调相似的标准色列,与水样进行目视比色测定。规定1 L水中含有1 mg铂和0.5 mg钴时所具有的颜色为一个色度单位,即1°。

首先配制铂-钴标准溶液:称取氯铂酸钾1.246 8(K_2PtC_{16},相当于500 mg铂)和干燥的氯化钴1.000 g($COC_{12} \cdot 6H_2O$,相当于250 mg钴),溶于100 mL纯水中,加入100 mL HCl,用纯水定容至1 000 mL,该标准溶液的色度为500°。然后配制标准色列,分别取该溶液适量体积于规格为50 mL的成套高型无色具塞比色管中,加纯水至刻度,摇匀,配制成色度为0°、5°、10°、15°、20°、25°、30°、35°、40°、45°、50°的标准色列。取50 mL水样于比色管中,将水样与标准色列进行比较,以确定水样的色度。如水样色度过高,可吸取少量水样,加纯水稀释后比色,将结果乘以稀释倍数。

本法最低检测色度为5°,测定范围为5°~50°。如果水样与标准色列的色调不一致,即为异色,可用文字描述。

(2)铬-钴比色法。

称取重铬酸钾($K_2Cr_2O_7$)0.043 7 g和硫酸钴($CoSO_4 \cdot 7H_2O$)1.000 g溶于少量纯水中,加入0.5 mL H_2SO_4,混匀后用纯水定容至500 mL,此标准溶液色度也为500°。测定水样时,除了用稀盐酸(体积比为1∶1 000)代替纯水稀释标准色例外,其余与铂钴比色法相同。本法最低检测色度和测定范围与上述方法相同。

(3)稀释倍数法。

测定工业废水或受工业废水污染的水源水时,由于色调复杂,无法用铂-钴或铬-钴比色法进行测定时,一般采用稀释倍数法进行测定。

用目视比色法将水样用高纯水稀释,同时与高纯水相比较,以刚好看不见颜色时的稀释倍数来表达水样颜色的强度,并观察水样颜色,用红、橙、黄、绿、青、蓝、紫等文字描述。以稀释倍数值和文字描述相结合表达结果。

测定时首先观察水样颜色,并用文字描述。再根据色度的大小,取一定体积的水样,以高纯水作为对照,将水样用高纯水成倍数地稀释,直至刚好看不见水样的颜色,记录此时的稀释倍数值。

注意事项:①无论用铂-钴比色法还是用铬-钴比色法测定,均只能测定黄色色调的水样。清洁水样可直接取样测定,浑浊水样应离心分离悬浮物或静置澄清数小时后,吸取上层澄清水样检验。不可用滤纸过滤,因为滤纸能吸附部分有色物质,而使色度降低。若水样所含颗粒太细,用离心的方法不容易将悬浮物质除去时,可只测定水样的表色,在报告中注明。

②铂-钴标准比色法操作简便、色度稳定,如标准色列保存适宜可长期使用,但氯铂酸钾比较贵,大量使用不经济。铬-钴比色法用重铬酸钾和硫酸钴做标准,试剂便宜易得,精密度和准确度与铂-钴标准比色法相同,但标准色列保存时间较短。

③稀释倍数法也可以参照嗅阈值的测定及计算方法,做任意稀释倍数的测定。

④pH 对色度有较大影响,在测定色度的同时应测定水样的 pH。报告色度的同时,也应报告 pH。

3. 污水出水色度超标的原因

天然水一般呈现浅黄、浅褐或黄绿色,这些颜色主要由动植物死亡、腐化于水中所引起,主要含有机物、无机物。而工业废水或生活污水中的色度则更多地是由水中存在带色物质所引起的。特别是染料废水,由水中的可溶性、非可溶性色素在水中分散而使水质呈现所带色素颜色。另外,水中存在金属等带色物质都可能使废水呈现该金属颜色,这些废水的颜色由所含污染物的量决定(色度高低)。

4. 几种典型的污水色度的机理

(1)染料污水生化后发色机理。

染料废水的颜色取决于其分子结构。按 Wiff 发色基团学说,染料分子的发色体中不饱和共轭链(如—C = C—、—N = N—、—N = O)的一端与含有供电子基(如—OH、—NH_2)或吸收电子基(如—NO_2、C = O) 的基团相连,另一端与电性相反的基团相连。化合物分子吸收一定波长的光量子的能量后,发生极化并产生偶极矩,使价电子在不同能级间跃迁而形成不同的颜色。

一般来说,染料分子结构中共轭链越长,颜色越深;苯环增加,颜色加深;分子质量增加,特别是共轭双键数增加,颜色加深。而生化无法将其破链破坏所以导致显色基团随水流出。

(2)一般污水生化后发色机理。

发色物质中不带苯环的碳氧化合物(如羧酸、酯、酮和醛等)、芳香族化合物和含氮碳氧化物含量较多。它们的分子结构中含有烯键、羧基、酰胺基、磺酰胺基、羰基、硝基等生色基团,且含有—NH_2、—NHR、—NR_2、—OR、—OH、—SH 等助色基团。它们之间相互作用,造成生化出水色度仍然很高。

此外,这些基团又都是极性的,使出水中有机物易溶于水。在水中发生高度的分散作用,从而生成难于脱色的水溶液或胶体溶液。

(3)煤气化废水发色的机理。

煤气化废水经生化处理后存在色度很高的特点。因含各种生色基团和助色基团的有机物,如3-甲基-1,3,6庚三烯、5-降冰片烯-2-羧酸、2-氯-2-降冰片烯、2-羟基-苯并呋喃、苯酚、1-甲磺酰基-4-甲基苯、3-甲基苯并噻吩、萘-1,8-二胺等。

5. 几种典型的污水脱色技术

从目前应用的废水处理技术上看,能有效去除废水色度的方法有吸附法、氧化法、絮凝法、生物法、电化学法、膜分离法等。

(1)吸附法。

吸附法是依靠吸附剂的吸附作用来脱除色度。通常采用的吸附剂包括可再生吸附剂,如活性炭 、离子交换纤维等和不可再生吸附剂,如各种天然矿物(膨润土、硅藻土)、工业废料(煤渣、粉煤灰)及天然废料(木炭、锯屑)等。目前用吸附法脱色的吸附剂主要靠物理吸附,但离子交换纤维、改性膨润土等也有化学吸附作用。

(2)絮凝法。

絮凝法是利用絮凝剂絮凝废水中的成色物质沉淀而进行脱色。

絮凝法投资费用低,设备占地少,处理量大,是一种被普遍采用的脱色技术。

无机絮凝剂包括金属盐类和无机高分子絮凝剂。广泛使用的金属盐类有铝盐和铁盐;无机高分子絮凝剂是在传统的金属盐絮凝剂的基础上发展起来的一类新型水处理药剂,具有适应性强、无毒,并可成倍提高效能而相对价廉等优势,得到了迅速发展和广泛应用。

有机高分子絮凝剂中,聚丙烯酰胺(PAM)的应用最多,它有非离子型、阳离子型和阴离子型三种。

(3)氧化法。

氧化法包括化学氧化法、光催化氧化法和超声波氧化法。虽然具体工艺不同,但脱色机制却是相同的。化学氧化法是目前研究较为成熟的方法,氧化剂一般采用 Fenton 试剂(Fe^{2+}-H_2O_2)、臭氧、氯气、次氯酸钠等。化学氧化法脱色是指利用氯、ClO_2、O_3、H_2O_2、$HClO_4$及次氯酸盐等的氧化性,在一定条件下使废水中的发色基团发生断裂或改变其化学结构,从而达到废水脱色的目的。

(4)生物法。

生物法脱色是利用微生物酶来氧化或还原有色分子,破坏其不饱和键及发色基团来达到脱色的目的。

(5)电化学法。

电化学法是通过电极反应使废水得到净化。根据电极反应方式划分,电化学法可细分为内电解法、电絮凝和电气浮法、电氧化法。最著名的内电解法是铁屑法。

(6)膜分离法。

在废水处理领域中,膜分离法是用人工合成或天然的高分子薄膜,以外界能量或化学位差为推动力,对水中污染物进行选择性分离,从而使废水得到净化的技术。

4.6.2 水的浊度

1. 水体浊度概述

浊度是一种质量特性,也是衡量水质的重要指标,它是由固体阻碍了水样中光的透射而引起的。浊度可以理解为衡量水体相对清澈度的指标,同时也能反映水体中存在的分散、悬浮固体及不溶于水的粒子，例如：淤泥、黏土、藻类和其他微生物，有机质和其他细微颗粒物。浊度不能直接测定水体中悬浮微粒含量，但可以通过将光照射在粒子上的散射效应进行测量。

由于水的用途不同，因而能允许含有的悬浮固体含量变化范围也很大。例如：工业冷却水能够允许含有相对较高的悬浮颗粒物，而不会引起很大的问题。然而，在现代高压锅炉中所使用的水必须是基本无杂质的。同时，饮用水中的固体会滋生有害的微生物，也会降低氯的杀毒效用，从而危害身体健康。对于所有的供水而言，高浓度的悬浮液是不能为人们的审美观念所接受的，同时，也会对化学和生物实验造成干扰。

2. 光散射的原理

浊度是由光和水中的悬浮微粒相互作用而表现出的光学特性。当直射光束透过绝对纯净的水时，光路不会改变，但即使是纯净液体中的分子也会使光在一定角度上发生散射。因此，没有一种溶液的浊度为零。而在含有悬浮固体的样品中，溶液阻碍光透射的方式与其中颗粒的大小、形状和组成有关，同时还与入射光的波长相关。

颗粒与入射光相互作用 1 min 后吸收其光能，然后颗粒犹如点光源般向四周辐射能量，这个全方位的辐射构成了入射光的散射光。而散射光的空间分布又取决于粒径与入射光波长的比值。当粒径比入射光波长小得多时，会呈现一个前后几乎对称的光散射分布（图 4-1）。

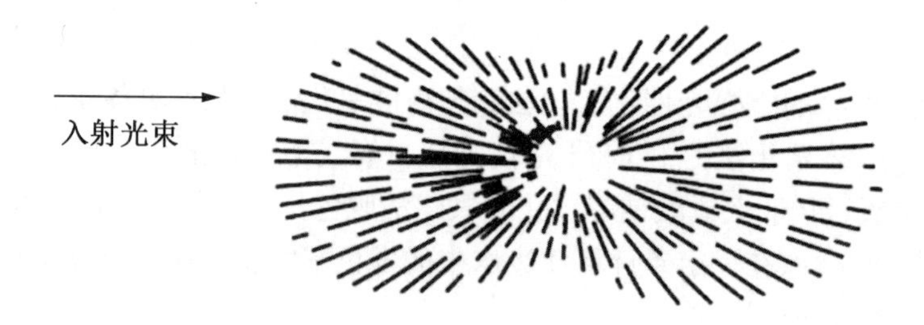

图 4-1　粒径与光波长的影响效应（小颗粒）

注：颗粒尺寸小于 1/10 的光波长；描述为散射对称。

当粒径相对于波长增加时，会引起颗粒不同位置的散射形成干扰图形，并附加在光的前进方向上。这样会导致前方的散射光比其他方向的散射光具有更强的亮度（图 4-2 和图 4-3）。另外，越小的颗粒散射短波长（蓝光）的亮度越强，而散射长波长（红光）则不明显；相反，越大的粒子相对于短波长而言，更易于散射长波长的光束。

颗粒的形状和折射率同样影响着散射的分布和强度。圆形的颗粒比卷曲或杆状的颗粒具有更大的前后散射比。折射率是用于衡量光从一种介质（例如悬浮液）进入新介质而使光路改变的程度。而要发生散射现象，颗粒的散射率必须与样品液体的散射率不同。并且，随着悬浮颗粒和悬浮液间折射率差异的增加，散射强度也随之增加。

悬浮固体和样品液体的颜色对于散射光的测定非常重要。一个有色的物质只对特定的可见光频率进行吸收，与此同时也改变了透射光和散射光的性质，从而防止某一部分的散射光进入检测系统。

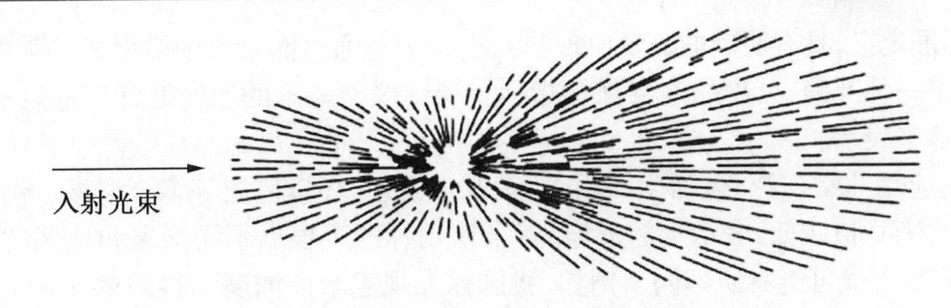

图 4-2 粒径与光波长的影响效应(大颗粒)(一)

注:颗粒尺寸大约为 1/4 的光波长;描述为散射集中在光前进方向。

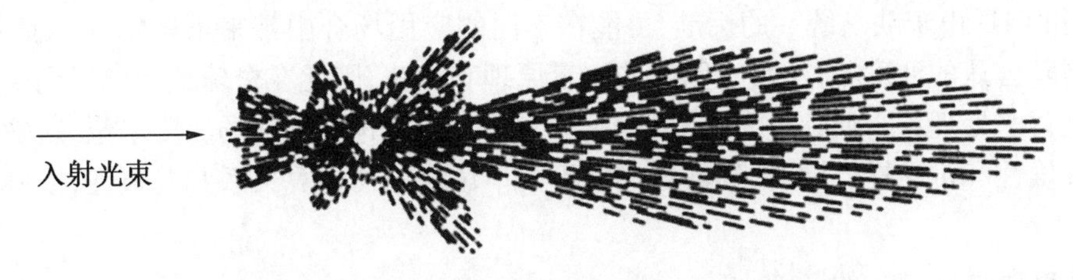

图 4-3 粒径与光波长的影响效应(大颗粒)(二)

注:颗粒尺寸比光的波长大;描述为散射极大地集中在光前进方向,在更大的角度内形成散射光强的极大和极小值

若颗粒浓度增加,光散射程度也会加强,但如果散射光碰撞到越来越多的颗粒时,就会发生多重散射,并伴随着光吸收量的增加。而当颗粒浓度超过某一特定值时,散射光和透射光的检测水平会迅速下降,此时即可标记出浊度测试的上限值。减少样品中的光路长度,可以减少光源和光检测器间颗粒的数量,提高浊度的检测上限。

3. 浊度单位

水处理中,TU、FTU 和 NTU 这三个单位都与水的浊度紧密相关,它们都用于描述和量化水中悬浮物和胶体物对光线透过的阻碍程度。以下是关于这三个单位的更为详细的解释及比较。

(1)TU。

TU,即 Turbidity,是一个较为宽泛和通用的概念,用于衡量液体中悬浮颗粒对光线散射的能力。然而,需要注意的是,TU 并不是由国际标准化组织(ISO)或其他权威机构正式定义的一个特定单位。因此,在不同的应用场合、不同的测量方法和不同的行业领域中,TU 的具体定义和数值可能会有所不同。由于没有统一的标准,TU 的使用可能会带来一些混淆和不确定性。

(2)FTU。

FTU,即 Formazin Turbidity Unit,是浊度的另一种测量单位,它同样用于衡量水中悬浮颗粒对光线散射的能力。FTU 在某些特定的应用或标准中可能更为常见,特别是在某些科学研究或特定行业领域中。与 TU 类似,FTU 也没有一个统一、国际公认的定义和标准。因此,在使用 FTU 时,需要明确其所采用的测量方法和标准,以确保测量结果的准确性和可比性。

(3)NTU。

NTU,即 Nephelometric Turbidity Unit,是一种国际公认的浊度测量单位。它基于 ISO 和

其他国际标准定义,具有明确的测量原理和方法。NTU 通过测量水中散射光的强度来确定浊度,提供了一种准确、可靠的浊度衡量指标。现代仪器显示的浊度通常以散射浊度单位 NTU(或 TU)来表示。

NTU 的应用非常广泛,包括生活用水、工业水处理、环境监测等多个领域。例如,在生活饮用水中,NTU 值越低,表示水越清澈,符合饮用标准。根据不同国家和地区的标准,水质浊度的 NTU 限值可能有所不同。例如,我国标准规定水质浊度不得超过 5 NTU,而美国标准则更为严格,规定水质浊度不得超过 1 NTU。

TU、FTU 和 NTU 虽然都用于衡量水的浊度,但它们在定义、测量原理和应用上存在差异。TU 和 FTU 由于缺乏统一的标准,可能在不同的应用场合中带来不确定性。而 NTU 作为一个国际公认的浊度单位,具有明确的测量原理和方法,因此在全球范围内得到了广泛应用。在进行水处理和水质评估时,应根据具体需求和标准选择合适的浊度单位,以确保测量结果的准确性和可靠性。同时,还需要注意不同单位之间的换算关系和局限性,以避免误解和误导。

4. 浊度对总磷测试的影响

在天然水中,磷以各种磷酸盐的形式存在,包括正磷酸盐、缩合磷酸盐(焦磷酸盐、偏磷酸盐和多磷酸盐)和有机结合的磷酸盐(如磷脂类)。总磷是反映水体受污染程度和湖库水体富营养化程度的关键指标,是环境监测部门日常监测的主要项目。

浊度对总磷测试的影响主要有两点:

(1)因为悬浊物会吸附磷,如果浊度大,仪器因为取样量少则很难取到均匀水样,大颗粒悬浊物更是无法取到,从而影响测量值。

(2)由于浊度影响,仪器可自动扣除浊度带来的吸光度,类似国标法中的浊度-色度补偿,但超过一定范围也会带来偏差。

不同浊度的标准溶液测量数据表明,该总磷检测仪的浊度补偿效果良好,浊度对该总磷检测仪的影响与总磷值有关。总磷值越低,相同浊度的影响越大。当总磷值在 0.2 mg/L,浊度值大于 400 NTU 会对测量结果产生明显干扰;而当总磷值在 0.5 mg/L,浊度值大于 500 NTU 才会对测量结果产生明显干扰。

对于总磷值极低(低于 0.1 mg/L),同时浊度又较大(大于 100 NTU)的地表水,需要加大实验室分析数据的频次。

4.6.3 总需氧量

TOD 是一个重要的水质指标,它用于衡量水中有机物质在完全燃烧后所消耗的氧气量。该指标可以反映水中有机物的总量和污染程度,对于评估废水处理厂的效率及监测水体质量至关重要。

(1)总需氧量的测定。

TOD 的测定原理是将一定量的水样注入一个特殊的燃烧器或燃烧管中,该燃烧器内有铂作为催化剂。在 900 ℃的高温下,水样中的有机物质被迅速氧化燃烧,转变为稳定的氧化物。在此过程中,通过测量燃烧前后载气(通常为含有已知氧浓度的氮气)中氧浓度的变化,可以计算出水样所消耗的氧气量,即 TOD 值。

(2)总需氧量值的测定优势。

相比于其他水质指标,如 BOD 和 COD,TOD 值更接近理论需氧量值,因为它涵盖了水样中几乎所有能够被氧化的有机物质。此外,TOD 测定方法操作简便,测定时间相对较短,使其成为一种实用的水质监测手段。

需要注意的是,TOD 并不能完全替代其他水质指标。尽管它提供了关于有机物总量的信息,但它并不能直接反映有机物的种类或毒性。因此,在实际应用中,通常需要结合其他水质指标(如 BOD、COD、TOC 等)进行综合分析和评估。

此外,测定 TOD 时还需注意一些影响因素。例如,水样中的无机还原性物质也可能参与燃烧过程并消耗氧气,从而影响 TOD 值的准确性。因此,在测定前需要对水样进行适当的预处理,以消除或减小这些干扰因素的影响。

TOD 是一个重要的水质指标,用于评估水中有机物的总量和污染程度。通过测定 TOD 值,可以更好地了解水体的污染状况,为废水处理和水质管理提供科学依据。然而,在实际应用中需要综合考虑其他水质指标,并结合具体情况进行分析和判断。

4.6.4 化学需氧量

化学需氧量是以化学方法测量水样中需要被氧化的还原性物质的量,是指废水、废水处理厂出水和受污染的水中,能被强氧化剂氧化的物质(一般为有机物)的氧当量。在河流污染和工业废水性质的研究及废水处理厂的运行管理中,它是一个重要的且能较快测定的有机物污染参数,常以符号 COD 表示。

水样在一定条件下,以氧化 1 L 水样中还原性物质所消耗的氧化剂的量为指标,折算成每升水样全部被氧化后需要氧的毫克数,以 mg/L 表示。它反映了水中受还原性物质污染的程度。该指标也作为有机物相对含量的综合指标之一。

1. 化学需氧量测定方法

一般测量化学需氧量所用的氧化剂为高锰酸钾或重铬酸钾,使用不同的氧化剂得出的数值也不同,因此需要注明检测方法。为了具有可比性,各国都有一定的监测标准。根据所加强氧化剂的不同,分别称为重铬酸钾耗氧量(习惯上称为化学需氧量)和高锰酸钾耗氧量(习惯上称为耗氧量,OC,也称为高锰酸盐指数)。

化学需氧量还可与 BOD 比较,BOD 与 COD 的比率(BOD/COD)反映了污水的生物降解能力。生化需氧量分析花费时间较长,一般在 20 d 以上水中生物才能基本消耗完全,为便捷一般取 5 d 时已耗氧约 95%为环境监测数据,用 BOD_5 表示。

(1)重铬酸盐法。

化学需氧量测定的标准方法以我国标准《水质化学需氧量的测定重铬酸盐法》(GB 11914—1989)和国际标准《水质化学需氧量的测定》(ISO 6060—1989)为代表,该方法氧化率高,再现性好,准确可靠,成为国际社会普遍公认的经典标准方法。

测定原理:在硫酸酸性介质中,以重铬酸钾为氧化剂,硫酸银为催化剂,硫酸汞为氯离子的掩蔽剂,消解反应液硫酸酸度为 9 mol/L,加热使消解反应液沸腾,(148±2) ℃的沸点温度为消解温度。以水冷却回流加热反应 2 h,消解液自然冷却后加水稀释至约 140 mL,以亚铁灵为指示剂,以硫酸亚铁铵溶液滴定剩余的重铬酸钾,根据硫酸亚铁铵溶液的消耗量计算水样的 COD 值。所用氧化剂为重铬酸钾,而具有氧化性能的是六价铬,故称为重铬酸盐法。

这一标准方法仍存在不足之处，回流装置占用实验空间较大，水、电消耗较大，试剂用量大，操作不便，难以大批量快速测定。

(2)高锰酸钾法。

①测定原理。对于一般水样可以用高锰酸钾法。由于高锰酸钾法是在规定的条件下所进行的反应，所以水中有机物只能部分被氧化，并不是理论上的全部需氧量，也不能反映水体中总有机物的含量。因此，常用高锰酸盐指数这一术语作为水质的一项指标，以有别于重铬酸钾法测定的化学需氧量，高锰酸钾法分为酸性法和碱性法两种。

水样加入硫酸酸化后，加入一定量的 $KMnO_4$ 溶液，并在沸水浴中加热反应一定时间。然后加入过量的 $Na_2C_2O_4$ 标准溶液，使之与剩余的 $KMnO_4$ 充分作用。再用 $KMnO_4$ 溶液回滴过量的 $Na_2C_2O_4$，通过计算求得高锰酸盐指数。

反应方程式：

$$4MnO_4^- + 5C + 12H^+ \xlongequal{} 4Mn^{2+} + 5CO_2\uparrow + 6H_2O$$

$$2MnO_4^- + 5C_2O_4^{2-} + 16H^+ \xlongequal{} 2Mn^{2+} + 10CO_2\uparrow + 8H_2O$$

(2)测定步骤。

①配制 150 mL 0.02 mol/L $KMnO_4$ 溶液(A 液)。

②配制 500 mL 0.002 mol/L $KMnO_4$溶液(B 液)。用量筒量取 50.0 mL A 液于 500 mL 试剂瓶中，用新煮沸且刚冷却的蒸馏水稀释至体积约为 500 mL 并摇匀，避光保存。

③配制 250 mL 0.005 mol/L $Na_2C_2O_4$ 标准溶液。准确称量 0.15~0.17 g $Na_2C_2O_4$ 于小烧杯中，加适量水使其完全溶解后以水定容于 250 mL 容量瓶中。

④COD 的测定。用量筒量取 100 mL 充分搅拌的水样于锥形瓶中，加入 5 mL 1∶3 的 H_2SO_4 溶液和几粒玻璃珠(防止溶液暴沸)，由滴定管加入 10.00 mL $KMnO_4$ B 液，立即加热至沸腾。从冒出的第一个大气泡开始，煮沸 10.0 min(红色不应褪去)。取下锥形瓶，放置 0.5~1 min，趁热准确加入 $Na_2C_2O_4$ 标准溶液 25.00 mL，充分摇匀，立即用 $KMnO_4$ B 液进行滴定。滴定至试液呈微红色且 0.5 min 不褪去即为终点，消耗体积为 V_1，此时试液的温度应不低于 60 ℃。

⑤标定 B 液的浓度。取步骤④滴定完毕的水样，加入 1∶3 的 H_2SO_4 溶液 2 mL，趁热(75~85 ℃)准确移入 10.00 mL 的 $Na_2C_2O_4$ 标准溶液，摇匀。再用 $KMnO_4$ B 液滴定至终点，记录所用滴定剂的体积，体积记录为 V_2。

写出有关公式，计算出水中化学需氧量的大小，并计算三次测定结果的相对标准偏差。对标定结果要求相对标准偏差小于 0.2%，对测定结果要求相对标准偏差小于 0.3%。

注意事项：在水浴加热完毕后，溶液仍应保持淡红色，如变浅或全部褪去，说明高锰酸钾的用量不够。此时，应将水样稀释倍数加大后再测定。

(3)分光光度法。

以经典标准方法为基础，重铬酸钾氧化有机物物质，六价铬生成三价铬，通过六价铬或三价铬的吸光度值与水样 COD 值建立的关系，来测定水样 COD 值。采用上述原理，国外最主要的方法是美国环保局《自动手动比色法》(EPA. Method 0410.4)、美国材料与实验协会《水的化学需氧量的测定方法 B 密封消解分光光度法》(ASTM：D1252—2000)和国际标准《水质化学需氧量(COD)的测定 小型密封管法》(ISO15705—2002)。我国采用国家环保总局统一方法《快速密闭催化消解法(含分光光度法)》。

COD 测定方法无论是回流滴定法、快速法还是光度法,都是以重铬酸钾为氧化剂,硫酸银为催化剂,硫酸汞为氯离子的掩蔽剂,在硫酸酸性条件测定 COD 消解体系为基础的测定方法。在此基础上,人们为达到节省试剂、减少能耗、操作简便、快速、准确可靠目的开展了大量研究工作。快速消解分光光度法综合了上述各种方法的优点,是指采用密封管作为消解管,取小计量的水样和试剂于密封管中,放入小型恒温加热皿中,恒温加热消解,并用分光光度法测定 COD 值;密封管规格为 ϕ16 mm,长度为 100~150 mm,壁厚度为 1.0~1.2 mm ,开口为螺旋口,并加有螺旋密封盖。该密封管具有耐酸、耐高温、抗压防爆裂性能。一种密封管可作为消解用,称为消解管。另一种密封管不仅可作为消解用,还可作为比色管用于比色用,称为消解比色管。小型加热消解器以铝块为加热体,加热孔均匀分布。孔径 ϕ16.1 mm,孔深为 50~100 mm,设定的加热温度为消解反应温度。同时,由于密封管适宜的尺寸,消解反应液占据密封管适宜的空间比例。盛有消解反应液的密封管一部分插入加热器加热孔中,密封管底部恒定 165 ℃温度加热;密封管上部高出加热孔而暴露在空间,在空气自然冷却下使管口顶部降到 85 ℃左右;温度的差异确保了小型密封管中反应液在该恒温下处于微沸腾回流状态。紧凑的 COD 反应器可放置 25 只密封管。采用密封管进行消解反应后,消解液转入比色皿可在一般光度计上测定,用密封比色管消解后可直接用密封比色管在 COD 专用光度计上测定。在 600 nm 波长可测定 COD 值为 100~1 000 mg/L 的试样,在 440 nm 波长处可测定 COD 值为 15~250 mg/L 的试样。该方法具有占用空间小、能耗小、试剂用量小、废液产生量少、能耗小、操作简便、安全稳定、准确可靠、适宜大批量测定等特点,弥补了经典标准方法的不足。

(4)快速消解法。

经典的标准方法是回流 2 h 法,人们为提高分析速度,提出各种快速分析方法,主要有两种:一种是提高消解反应体系中氧化剂浓度,增加硫酸酸度,提高反应温度,增加助催化剂等条件来提高反应速度的方法。国内方法以《锅炉用水和冷却用水分析方法化学需氧量的测定重铬酸钾快速法》(GB/T 14420—2014)及国家环保总局推荐的统一方法《库仑法》和《快速密闭催化消解法(含光度法)》为该方法的代表。国外以德国标准方法《水的化学需氧量的测定快速法》(DIN38049 T.43)为代表。

上述方法与经典标准方法相比,消解体系硫酸酸度由 9.0 mg/L 提高到 10.2 mg/L,反应温度由 150 ℃提高到 165 ℃,消解时间由 2 h 减少到 10~15 min。

二是改变传统的靠导热辐射加热消解的方式,而采用微波消解技术提高消解反应速度的方法。由于微波炉种类繁多,功率不一,很难确定统一功率和时间,以求达到最好的消解效果。微波炉的价格也很高,较难制订统一的标准方法。

2. 化学需氧量对生态环境的影响

化学需氧量高意味着水中含有大量的还原性物质,其中主要是有机污染物。化学需氧量越高,表示水的有机物污染越严重,这些有机物污染的来源可能是农药、化工厂、有机肥料等。如果不进行处理,许多有机污染物可被底泥吸附而沉积下来,在今后若干年内会对水生生物造成持久的毒害作用。在水生生物大量死亡后,河中的生态系统即被摧毁。人若以水中的生物为食,则会大量吸收这些生物体内的毒素,积累在体内,这些毒物常有致癌、致畸形、致突变的作用,对人极其危险。另外,若以受污染的江水进行灌溉,则植物、农作物也会受到影响,容易生长不良,而且人也不能取食这些作物。但是,化学需氧量高不一定就意味着有上述危害,具体判断要做详细分析,如分析有机物的种类对水质和生态的影响,是否对人体有害等。如果不能进行详细分析,也可间隔几天对水样再做化学需氧量测定,如果对比前一次测定值下降很多,说明水中含有的还原性物质主要是易降解的有机物,对人体和生物危害相对较轻。

3. 化学需氧量测定需注意的问题

(1)采样容器的选择。

①材质考虑。使用玻璃材质的采样容器是因为玻璃化学稳定性好,不易与污水中的成分发生反应。而塑料容器,特别是某些廉价的塑料制品,可能含有增塑剂或其他有机添加剂,这些添加剂会释放出有机物质,干扰 COD 的测量。

②清洁度要求。采样容器在使用前必须彻底清洗,确保无残留物,以免对水样造成污染。建议使用去离子水或蒸馏水进行清洗,并在干燥后使用。

(2)水样的保存和均化。

①保存条件。水样应保存在暗处,避免阳光直射,以减少光化学作用对水样中有机物的影响。同时,保存温度应控制在 0~5 ℃,以减缓微生物活动和化学反应的速率。

②均化处理。对于含有悬浮物或颗粒物的水样,可以通过搅拌、摇动或超声处理等方式进行均化。这有助于使水样中的有机物分布更加均匀,从而提高 COD 测量的准确性。

(3)避免干扰物质的影响。

①氯离子的处理。如果水样中含有较高浓度的氯离子,可以通过加入适量的硫酸汞来络合氯离子,消除其对 COD 测量的干扰。但需要注意的是,硫酸汞的加入量应适量,过量会引入新的干扰。

②悬浮固体的处理。悬浮固体可能阻塞回流管,影响 COD 的测定。可以通过离心、过滤等方法去除悬浮固体,但需注意避免损失水样中的有机物。

(4)控制 COD 浓度。

①稀释方法。如果 COD 浓度过高,需要对水样进行稀释。稀释时应使用无污染的稀释水,并确保稀释倍数准确,以得到准确的 COD 值。

②浓度范围。稀释后的水样 COD 浓度应落在测量仪器的线性范围内,以确保测量结果的准确性。

(5)取样操作的规范性。

①取样位置。取样时应选择具有代表性的位置,避免在排放口或混合区域取样,以获取更准确的污水特性。

②取样时间。取样时间的选择也很重要,通常应选择在污水排放稳定时进行取样,以避免瞬时波动对结果的影响。

(6)仪器设备的准确性和稳定性。

①校准与验证。定期对 COD 快速水质检测仪进行校准,确保测量结果的准确性。同时,使用标准样品进行验证,检查设备的测量精度。

②试剂检查。检查试剂的有效期,确保试剂未过期。同时,注意试剂的保存条件,避免受潮或变质。

③设备维护。定期清洁回流冷凝管,确保畅通无阻。同时,检查设备的各个部件是否正常运行,如加热器、搅拌器等。

4.6.5　生化需氧量

生化需氧量又称生化耗氧量，以 mg/L 为单位，是水体中的好氧微生物在一定温度下将水中有机物分解成无机质，这一特定时间内的氧化过程中所需要的溶解氧量，是表示水中有机物等需氧污染物质含量的一个综合指标。

生化需氧量是重要的水质污染参数。废水、废水处理厂出水和受污染的水中，微生物利用有机物生长繁殖时需要的氧量，是可降解（可以为微生物利用的）有机物的氧当量。

1. 地面水生化需氧量

地面水中的污染物，在以微生物为媒介的氧化过程中要消耗水中的溶解氧，其所消耗的溶解氧量称为生化需氧量，间接反映了水中可生物降解的有机物量。它说明水中有机物由于微生物的生化作用进行氧化分解，无机化或气体化时所消耗水中溶解氧的总数量值越高，说明水中有机污染物质越多，污染也就越严重。以悬浮或溶解状态存在于生活污水和制糖、食品、造纸、纤维等工业废水中的碳氢化合物、蛋白质、油脂、木质素等均为有机污染物，可经好气菌的生物化学作用而分解，由于在分解过程中消耗氧气，故亦称需氧污染物质。若这类污染物质排入水体过多，将造成水中溶解氧缺乏，同时，有机物又通过水中厌氧菌的分解引起腐败现象，产生甲烷、硫化氢、硫醇和氨等恶臭气体，使水体变质发臭。

污水中各种有机物得到完全氧化分解的时间，总共约需 100 d，为了缩短检测时间，一般生化需氧量以被检验的水样在 20 ℃下 5 d 内的耗氧量为代表，即五日生化需氧量（BOD_5），对生活污水来说，它约等于完全氧化分解耗氧量的 70%。

2. 生化需氧量的测定

虽然生化需氧量并非一项精确定量的检测，但是由于其间接反映了水中有机物质的相对含量，故 BOD 长期以来作为一项环境监测指标被广泛使用；在水环境模拟中，由于对水中每种化合物分别考虑也并不现实，同样使用 BOD 来模拟水中有机物的变化。

BOD 和 COD 的比值能说明水中的难以生化分解的有机物占比，微生物难以分解的有机污染物对环境造成的危害更大。通常认为废水中这一比值大于 0.3 时适合使用生化处理。

在 BOD 的测量中，通常规定使用 20 ℃、5 d 的测试条件，并将结果以氧的 mg/L 表示，BOD_5 是由英国皇家污水处理委员会确定的。

一般清洁河流的五日生化需氧量不超过 2 mg/L，若高于 10 mg/L，就会散发出恶臭味。工业、农业、水产用水等要求生化需氧量应小于 5 mg/L，而生活饮用水应小于 1 mg/L。对于一般的生活污水有机废水，硝化过程在 5～7 d 以后才能显著展开，因此不会影响有机物 BOD_5 的测量；对于特殊的有机废水，为了避免硝化过程耗氧所带来的干扰，可以在样本中添加抑制剂。

我国污水综合排放标准规定，在工厂排水口，废水的生化需氧量二级标准的最高容许量为 60 mg/L，地面水的生化需氧量不得超过 4 mg/L。

城镇污水处理厂：一级 A 标准为 10 mg/L，一级 B 标准为 20 mg/L，二级标准为 30 mg/L，三级标准为 60 mg/L。

3. 生化需氧量与化学需氧量的区别

COD 是以化学方法测量水样中需要被氧化的还原性物质的量。水样在一定条件下，以氧化1 L水样中还原性物质所消耗的氧化剂的量为指标，折算成每升水样全部被氧化后需要的氧的毫克数，以mg/L表示。它反映了水中受还原性物质污染的程度。该指标也作为有机物相对含量的综合指标之一。生化需氧量和化学需氧量的比值能说明水中的有机污染物难以被微生物分解的量，因为微生物难以分解的有机污染物对环境造成的危害更大。

4. 生化需氧量的测定方法

测定水中生化需氧量的微生物传感器是由氧电极和微生物菌膜构成的，其原理是当含有饱和溶解氧的样品进入流通池中与微生物传感器接触，样品中溶解性可生化降解的有机物受到微生物菌膜中菌种的作用而消耗一定量的氧，使扩散到氧电极表面上的氧的质量减少。当样品中可生化降解的有机物向菌膜扩散速度（质量）达到恒定时，扩散到氧电极表面上氧的质量也达到恒定，因此产生一个恒定电流。由于恒定电流的差值与氧的减少量存在定量关系，因此可换算出样品中的生化需氧量。测定水和污水中生化需氧量的微生物传感器采用快速测定法。该方法规定的生化需氧量是指水和污水中溶解性可生化降解的有机物在微生物作用下所消耗溶解氧的量。适用于地表水、生活污水和不含对微生物有明显毒害作用的工业废水中生化需氧量的测定。

①流通式。水样或清洗液在蠕动泵的作用下连续不断地将样品或清洗液在单位时间内按一定量比连续不断地被送入测量池中。

②加入式。将缓冲溶液加入测量池中，使微生物传感器（微生物菌膜）与缓冲溶液保持接触状态，然后加入定量的被测水样，测得被测水样的生化需氧量。

（1）试剂。

分析纯试剂和蒸馏水，蒸馏水使用前应煮沸2~5 min，放置室温后使用。磷酸盐缓冲溶液（0.5 mol/L）：将68 g磷酸二氢钾（KH_2PO_4）和134 g磷酸氢二钠（$Na_2HPO_4 \cdot 7H_2O$）溶于蒸馏水中，稀释至1 000 mL，备用，此溶液的pH约为7。磷酸盐缓冲使用液（清洗液）；0.005 mol/L盐酸（HCl）溶液；0.5 mol/L氢氧化钠（NaOH）溶液；20 g/L亚硫酸钠（Na_2SO_3）溶液，1.575 g/L，此溶液不稳定，临使用前配制；葡萄糖-谷氨酸标准溶液，称取在103 ℃下干燥1 h并冷却至室温的无水葡萄糖（$C_6H_{12}O_6$）和谷氨酸（$HOOC-CH_2-CH_2-CHNH_2-COOH$）各1.705 g，溶于4.2 g磷酸盐缓冲溶液的使用液中，并用此溶液稀释至1 000 mL混合均匀即得250 mg/L的生化需氧量标准溶液。葡萄糖-谷氨酸标准使用溶液（临用前配制），取标准溶液10.00 mL置于250 mL容量瓶中，用0.005 mol/L磷酸盐缓冲液定容至标线，摇匀，此溶液质量浓度为100 mg/L。其中，清洗液（缓冲溶液）是由磷酸二氢钾和磷酸氢二钠配制而成的，其主要作用是作为缓冲液调节样品的pH，清洗和维持微生物传感器使其正常工作，并具有沉降重金属离子的作用。

（2）剂量。

水中以下物质对该方法测定不产生明显干扰的最大允许量为：CO 5 mg/L；Mn 5 mg/L；Zn 4 mg/L；Fe 5 mg/L；Cu 2 mg/L；Hg 5 mg/L；Pb 5 mg/L；Cd^{2+} 5 mg/L；Cr 0.5 mg/L；CN 0.05 mg/L；悬浮物250 mg/L。对含有游离氯或结合氯的样品可加入1.575 g/L的亚硫酸钠溶液使样品中游离氯或结合氯失效，应避免添加过量。对微生物膜内菌种有毒害作用的高浓度杀菌剂、农药类的污水不适用本测定方法。

（3）仪器。

使用的玻璃仪器及塑料容器要认真清洗，容器壁上不能有毒物或生物可降解的化合物，操作中应防止污染。微生物菌膜内菌种应均匀,膜与膜之间应尽可能一致。其保存方法为湿法保存,也可在室温下干燥保存。微生物菌膜的连续使用寿命应大于 30 d。微生物菌膜的活化:将微生物菌膜放入 0.005 mol/L 的磷酸盐缓冲使用液中浸泡 48 h 以上,然后将其安装在微生物传感器上。10 L 聚乙烯塑料桶。

微生物电极的反应性能依赖于一定的温度条件,因此要求在实验过程中要有稳定的温场,该装置在仪器中称为恒温控制装置。

(4)样品。

①流通式。水样或清洗液在蠕动泵的作用下连续不断地将样品或清洗液在单位时间内按一定量比连续不断地被送入测量池中。

②加入式。将缓冲溶液加入到测量池中,使微生物传感器(微生物菌膜)与缓冲溶液保持接触状态,然后加入定量的被测水样,测得被测水样的生化需氧量值。

样品采集后不能在 2 h 内分析时,应在 0~4 ℃的条件下保存,并在 6 h 内分析,当不能在 6 h 内分析时,则应将储存时间和温度与分析结果一起报告。无论在任何条件下储存决不能超过 24 h。

4.6.6 化学需氧量与生化需氧量的重要性

COD 与 BOD 是常用的污染指标,这主要是因为它们在评估水体污染程度时具有独特的价值和重要性。

1. 综合反映有机污染程度

COD 代表了水样中能够被化学氧化剂(如重铬酸钾)氧化的有机物的总量,这些有机物可能包括各种复杂的有机化合物,如烃类、醇类、酚类等。COD 的测定不区分有机物的种类,而是提供了一个总的氧化需求量的度量。

BOD 反映了水样中能够被微生物分解的有机物的数量,主要关注的是生物可降解的有机物,这些有机物在自然界中会通过微生物的作用而被逐渐分解。

两者共同提供了关于水体中有机污染程度的全面信息。COD 值较高通常意味着水体中含有大量的有机物,而 BOD 值则进一步揭示了这些有机物中有多少是生物可降解的。

2. 分析方法的可操作性和实用性

COD 的分析通常采用滴定法或光度法,这些方法操作简单,可以快速得出结果。COD 的测定不受微生物种类和数量的限制,因此适用于各种类型的水样。

BOD 的测定虽然需要一定的时间(通常为 5 d),但方法相对简单,只需将水样与微生物接种并测量氧气的消耗量。这种方法能够模拟自然环境中有机物的生物降解过程。

由于这两种方法都相对简单且成本较低,因此它们在环境监测和废水处理领域得到了广泛应用。

3. 反映污染来源和治理效果

COD 和 BOD 的数值变化可以反映污染来源的变化。例如,工业废水中可能含有高浓度的难以生物降解的有机物,导致 COD 值较高而 BOD 值相对较低;而生活污水则可能具有较高的 BOD 值,因为其中含有大量的生物可降解有机物。

通过比较不同时间点的 COD 和 BOD 数值,可以评估污染治理措施的效果。如果数值呈下降趋势,说明污染治理措施有效;反之,如果数值持续上升,则可能需要调整治理策略。

综上所述,COD 与 BOD 作为常用的污染指标,不仅因为它们能够综合反映水体的有机污染程度,还因为它们的分析方法简单易行且具有实用性。此外,通过监测 COD 和 BOD 的变化,可以了解污染来源、评估治理效果,从而为环境保护和治理提供有力支持。

4.7 水的微生物评估

微生物是评估水质的另一个重要指标。水中的微生物主要包括细菌、病毒和寄生虫等。正常饮用水中的微生物应符合国家卫生标准的要求,如细菌总数应小于 100 个/mL,大肠菌群不应检出,病毒和寄生虫也不应检出。这些微生物的存在可能会引发水源性疾病,因此严格控制微生物的含量对于保证水质的安全至关重要。

4.7.1 检测水中微生物的意义

想要了解水质变化的具体情况,检测水中微生物是一种比较直观的方法,因为水污染产生的大量有机物质能培养出各种微生物。

另外,生活中如果无法对水中微生物进行有效检测,就会造成一些健康问题。尤其是食品行业,水中微生物的来源有很多种,其中主要来源于人或动物粪便污染的水体,从而可能导致肠道传染病的传播,造成更大的健康隐患。另外,水体中微生物过多会造成藻类大量生长,水中氧气量不足,导致鱼虾因缺氧而死亡。因此要定时地对水中微生物进行检测。

4.7.2 水中微生物指标

水中微生物的测试主要针对常见及致病的几种,例如总大肠菌群、粪大肠菌群、大肠埃希氏菌、肠球菌、绿脓假单胞菌、隐孢子虫、菌落总数等,主要是为了防止微生物过多对水质产生影响,不同的行业对于水质中微生物的检测指标要求也不同。

4.7.3 水质常规微生物指标要求

微生物检测指标限值见表 4-1。

表 4-1 微生物检测指标限值

项目名称	指标限值
总大肠菌群/(MPN · $(100\ mL)^{-1}$ 或 CFU · $(100\ mL)^{-1}$)	不得检出
耐热大肠菌群/(MPN · $(100\ mL)^{-1}$ 或 CFU · $(100\ mL)^{-1}$)	不得检出
大肠埃希氏菌/(MPN · $(100\ mL)^{-1}$ 或 CFU · $(100\ mL)^{-1}$)	不得检出
菌落总数/(CFU · mL^{-1})	100
隐孢子虫/(个 · $(10\ L)^{-1}$)	<1

4.7.4 水中微生物的取样方法

检测水中的微生物首先要进行取样,这样才能获得水体的一些基础数据,采样时要提前根据检测目的和任务制订计划，具体的取样方法包括采样目的、检验指标、采样时间、采样地点、采样方法、采样频率、采样数量、采样容器与清洗等。

采样前应先用水样荡洗采集器、容器2~3次，如果是在同一个水源采集几类检测指标水样时，应先采集供微生物测试的水样，直接采集时不得用水样刷洗已灭菌的采样瓶，而且不得用手指和其他物品污染瓶口，另外采样时不能搅动底层的沉积物。水中微生物的采样体积一般不超过5 L，水样的保存时间及方法要符合相关要求。

4.7.5 检测水中微生物的方法

目前检测水中微生物的主要方法可分为多管发酵法和酶底物法两种，多管发酵法是使用相应的培养液在36 ℃的环境中，对采集样品进行初步发酵实验，然后进行平板分离和复发酵实验得到最终的结果。而酶底物法是利用微生物所产生的β2酶分解产生的物质，通过培养液所呈现的颜色来确定水中是否含有相应的微生物。

多管发酵法的优势在于没有杂菌污染，微生物检测结果相对准确，而酶底物法的优势在于操作简单，对环境的要求不高，检测范围相对较广以及时间短等。

微生物处理法是利用微生物的新陈代谢作用，使废水中呈溶解和胶体状态的有机污染物被分解并转换为无害物质，从而废水得到净化。

(1)活性污泥法。

将空气连续鼓入大批量溶解有机污染物的废水中，经过一段时间，水中产生大批量好氧性微生物的絮凝体，活性污泥可以吸附水中的有机物，生活在活性污泥上的微生物以有机物为食料并不断地生长发育和繁衍，有机物被分解、除去，使废水得到净化。

(2)生物膜法。

使废水连续流经固体填料，在填料上可以造成污泥垢状的生物膜，生物膜上可繁衍大批量的微生物，吸附和分解水中的有机污染物，能发挥与活性污泥相同的净化废水作用，如斜板沉淀池、微生物转盘、微生物接触氧化池和生物流化床等。

(3)厌氧生物处理法。

利用兼性厌氧菌在无氧条件下降解有机污染物，主要用于处理高浓度难分解的有机化工废水和有机污泥，如厌氧发酵斜板沉淀池、厌氧发酵转盘、上流式厌氧发酵污泥床、厌氧发酵流化床等高效率反应装置。

(4)氯化消毒法。

氯化消毒法是指用氯或氯制剂进行饮用水消毒的一种方法，其中氯制剂主要有液氯、漂白粉、漂白粉精、有机氯制剂等。天然水由于受到生活污水和工业废水的污染而含有各种微生物，其中包括能致病的细菌性病原微生物和病毒性的病原微生物。消毒的目的是杀死各种病原微生物，防止水致疾病的传播，保障人们的身体健康。

(5)紫外线杀菌消毒法。

紫外线杀菌消毒法是利用适当波长的紫外线能够破坏微生物机体细胞中的DNA或RNA的分子结构，造成生长性细胞死亡和(或)再生性细胞死亡，达到杀菌消毒的效果。紫外线消毒技术是基于现代防疫学、医学和光动力学的基础上，利用特殊设计的高效率、高强度和长寿命的UVC波段紫外光照射流水，将水中各种细菌、病毒、寄生虫、水藻及其他病原体直接杀死。

①优点。通常紫外线消毒可用于氯气和次氯酸盐供应困难的地区和水处理后对氯的消毒副产物有严格限制的场合。一般认为当水温较低时用紫外线消毒比较经济。

紫外线消毒的优点如下：

a. 不在水中引入杂质，水的物化性质基本不变。

b. 水的化学组成（如氯含量）和温度变化一般不会影响消毒效果。

c. 不另增加水中的嗅、味，不产生诸如三卤甲烷等类的消毒副产物。

d. 杀菌范围广而迅速，处理时间短，在一定的辐射强度下一般病原微生物仅需十几秒即可杀灭，能杀灭一些氯消毒法无法灭活的病菌，还能在一定程度上控制一些较高等的水生生物如藻类和红虫等。

e. 过度处理一般不会产生水质问题。

f. 一体化的设备构造简单，容易安装，小巧轻便，水头损失很小，占地面积小。

g. 容易操作和管理，容易实现自动化，设计良好的系统的设备运行维护工作量很少。

h. 运行管理比较安全，基本没有使用、运输和储存其他化学品可能带来的剧毒、易燃、爆炸和腐蚀性的安全隐患。

i. 消毒系统除了必须运行的水泵以外，没有其他噪声源。

②缺点。

a. 孢子、孢囊和病毒比自养型细菌耐受性高。

b. 水必须进行前处理，因为紫外线会被水中的许多物质吸收，如酚类、芳香化合物等有机物、某些生物、无机物等。

c. 没有持续消毒能力，并且可能存在微生物的光复活问题，最好用在处理水能立即使用的场合，管路没有二次污染和原水生物稳定性较好的情况（一般要求有机物质量浓度低于 10 μg/L）。

d. 不易做到在整个处理空间内辐射均匀，有照射的阴影区。

e. 没有容易检测的残余性质，处理效果不易迅速确定，难以监测处理强度。

f. 较短波长的紫外线（低于 200 nm）照射可能会使硝酸盐转变成亚硝酸盐，为了避免该问题应采用特殊的灯管材料吸收上述范围的波长。

（6）臭氧消毒法。

臭氧消毒法是指以臭氧作为消毒剂的水处理技术。臭氧是一种强氧化剂，溶于水后可直接或利用反应中生成的大量羟基自由基及新生态氧间接氧化水中的无机物、有机物，并进入细菌的细胞内氧化胞内有机物，从而达到杀菌消毒、净化水质的目的，与加氯消毒法相比，臭氧消毒剂作用快、消毒效果更佳，同时可以改善水的口感和观感 。

①优点。臭氧灭菌为溶菌级方法，杀菌彻底，无残留，杀菌谱广，可杀灭细菌繁殖体和芽孢、病毒、真菌等，并可破坏肉毒杆菌毒素。另外，O_3 对霉菌有杀灭作用。O_3 由于稳定性差，很快会自行分解为氧气或单个氧原子，而单个氧原子能自行结合成氧分子，不存在任何有毒残留物，所以 O_3 是一种无污染的消毒剂。O_3 为气体，能迅速弥漫到整个灭菌空间，灭菌无死角。而传统的灭菌消毒方法，无论是紫外线，还是化学熏蒸法都有不彻底、有死角、工作量大、有残留污染或有异味等缺点，并有可能损害人体健康。如用紫外线消毒，在光线照射不到的地方没有效果，有衰退、穿透力弱、使用寿命不长等缺点。化学熏蒸法也存在不足之处，如对抗药性很强的细菌和病毒杀菌效果不明显。

臭氧灭菌消毒作用体现在它的强氧化性上，是全球公认的绿色、广谱、高效的消毒灭菌剂，广泛用于饮用水消毒和医疗卫生机构空气消毒，臭氧会在30~40 min后自动还原成氧气，没有化学残留和二次污染。所应用的领域有消毒柜、果蔬解毒机、妇科治疗仪、食品加工、饮用水灌装消毒设备等。

②缺点。投资大，费用较氯化消毒高；水中O_3不稳定，控制和检测O_3需要一定的技术；消毒后对管道有腐蚀作用，故出厂水无剩余O_3因此需要第二消毒剂；与铁、锰、有机物等反应，可产生微絮凝，使水的浊度提高；臭氧氧化含有溴离子的原水时会产生溴酸根。溴酸根已被国际癌症研究机构定为2B级潜在致癌物，WHO建议饮用水的最大溴酸根含量为25 μg/L，美国环保局（USEPA）饮水标准中规定溴酸根的最高允许量为10 μg/L。臭氧氧化过程中溴酸盐的生成有臭氧氧化和臭氧/氢氧自由基氧化两种途径，控制溴酸盐可以从控制其形成和生成后去除两个方面进行。降低pH、添加氨气、氯-氨工艺和优化臭氧化条件是控制溴酸盐形成的方法，溴酸盐生成后则可以利用物理、化学和生物方法去除。因此要实现臭氧、致病菌与溴酸盐三者的平衡需进一步探讨臭氧灭菌机理及溴酸盐控制方法。

第 5 章　水质的判定

5.1　生活饮用水

生活饮用水是指供人生活的饮水和生活用水。现行的《生活饮用水卫生标准》(GB 5749—2022)对生活饮用水水质做出了严格的卫生要求：

①感官性状良好，透明、无色、无异味和异臭，无肉眼可见物。

②流行病学上安全，不含有病原微生物和寄生虫卵。

③化学组成对人无害，水中所含的化学物质对人体不造成急性中毒、慢性中毒和远期危害。

5.2　生活饮用水的供水方式

5.2.1　集中式供水(centralized water supply)

从水源集中取水，然后通过水管网的运输配送到用户或者公共取水点的供水。也就是人们熟悉的自来水厂直接供应生活饮用水，这种供水方式安全性高，品质有保障，是城镇供水的主要方式。

5.2.2　二次供水(secondary water supply)

集中式供水在入户之前，经过再度储存、加压和消毒或深度处理，通过管道或容器输送给用户的供水方式。二次供水是高层供水的唯一选择方式。二次供水设施是否按规定建设、设计及建设的优劣直接关系到二次供水的水质、水压和供水安全，与人民群众正常稳定的生活密切相关。

5.2.3　小型集中式供水(small centralized water supply)

小型集中式供水是目前农村地区最常用的生活饮用水供水方式。农村日供水在 1 000 m^3 以下(或供水人口在 1 万人以下)的集中式供水。这种方式取水方便，可以大大提高农村的生活水平，比较集中也便于实行卫生管理和监督。

5.2.4　分散式供水(decentralized water supply)

分散式供水是指分散居住的住户直接从水源取水，主要应用于偏远山区。依靠简易设施、简易消毒设备处理饮用水并进行供水的一种方式。如人力取水、手压泵、机器取水等。

除了一些偏远地区，生活饮用水供水系统还是很完备的，但是在运输过程中仍会存在污染的现象，所以政府会定期地清洁公共水管。

5.3 制水工艺的判定

5.3.1 水源水的判定

水源水是指水的源头，即从地下水或地表水抽取，未经任何处理的原始水。水源水的质量、数量和水源地的环境状况对后续的水处理工艺和饮用水的质量有重要影响。

水源水的判定依据《地表水环境质量标准》（GB 3838—2002），地表水环境质量标准是为贯彻《环境保护法》和《水污染防治法》，加强地表水环境管理，防治水环境污染，保障人体健康而批准《地表水环境质量标准》为国家环境质量标准自 2002 年 6 月 1 日开始实施。

1. 水源水判定水域分类

依据地表水水域环境功能和保护目标，按功能高低依次划分为五类：

Ⅰ类，主要适用于源头水、国家自然保护区。

Ⅱ类，主要适用于集中式生活饮用水地表水源地一级保护区、珍稀水生生物栖息地、鱼虾类产场、仔稚幼鱼的索饵场等。

Ⅲ类，主要适用于集中式生活饮用水地表水源地二级保护区、鱼虾类越冬场、洄游通道、水产养殖区等渔业水域及游泳区。

Ⅳ类，主要适用于一般工业用水区及人体非直接接触的娱乐用水区。

Ⅴ类，主要适用于农业用水区及一般景观要求水域。

对应地表水上述五类水域功能，将地表水环境质量标准基本项目标准值分为五类，不同功能类别分别执行相应类别的标准值。水域功能类别高的标准值严于水域功能类别低的标准值。同一水域兼有多类使用功能的，执行最高功能类别对应的标准值。

2. 水源水水质评价

地表水环境质量评价应根据实现的水域功能类别，选取相应类别标准，进行单因子评价，评价结果应说明水质达标情况，超标的应说明超标项目和超标倍数。同时，丰、平、枯水期特征明显的水域，应分期进行水质评价。

3. 水源水水质监测

水源水水质监测是规定的项目标准值，要求水样采集后自然沉降 30 min，取上层非沉降部分按规定方法进行分析。

地表水水质监测的采样布点、监测频率应符合国家地表水环境监测技术规范的要求。

4. 地表水基本项目的判定

判定标准由县级以上人民政府环境保护行政主管部门及相关部门按职责分工监督实施。集中式生活饮用水地表水源地水质超标项目经自来水厂净化处理后，必须达到《生活饮用水卫生规范》的要求（表 5-1）。

表 5-1　地表水环境质量标准基本项目标准限值

序号	分类标准值项目		Ⅰ类	Ⅱ类	Ⅲ类	Ⅳ类	Ⅴ类
1	水温/℃		人为造成的环境水温变化应限制在：周平均最大温升≤1；周平均最大温降≤2	—	—	—	—
2	pH（无量纲）		6~9	—	—	—	—
3	溶解氧	≥	饱和率90%（或7.5 mg/L）	6	5	3	2
4	高锰酸盐指数	≤	2	4	6	10	15
5	化学需氧量（COD）/（$mg \cdot L^{-1}$）	≤	15	15	20	30	40
6	五日生化需氧量（BOD_5）/（$mg \cdot L^{-1}$）	≤	3	3	4	6	10
7	氨氮（NH_3-N）/（$mg \cdot L^{-1}$）	≤	0.15	0.5	1.0	1.5	2.0
8	总磷（以P计）/（$mg \cdot L^{-1}$）	≤	0.02（湖、库0.01）	0.1（湖、库0.025）	0.2（湖、库0.05）	0.3（湖、库0.1）	0.4（湖、库0.2）
9	总氮（湖、库，以N计）/（$mg \cdot L^{-1}$）	≤	0.2	0.5	1.0	1.5	2.0
10	铜/（$mg \cdot L^{-1}$）	≤	0.01	1.0	1.0	1.0	1.0
11	锌/（$mg \cdot L^{-1}$）	≤	0.05	1.0	1.0	2.0	2.0
12	氟化物（以F^-计）/（$mg \cdot L^{-1}$）	≤	1.0	1.0	1.0	1.5	1.5
13	硒/（$mg \cdot L^{-1}$）	≤	0.01	0.01	0.01	0.02	0.02
14	砷/（$mg \cdot L^{-1}$）	≤	0.05	0.05	0.05	0.1	0.1
15	汞/（$mg \cdot L^{-1}$）	≤	0.000 05	0.000 05	0.000 1	0.001	0.001
16	镉/（$mg \cdot L^{-1}$）	≤	0.001	0.005	0.005	0.005	0.01
17	铬（六价）/（$mg \cdot L^{-1}$）	≤	0.01	0.05	0.05	0.05	0.1
18	铅/（$mg \cdot L^{-1}$）	≤	0.01	0.01	0.05	0.05	0.1
19	氰化物/（$mg \cdot L^{-1}$）	≤	0.005	0.05	0.2	0.2	0.2
20	挥发酚/（$mg \cdot L^{-1}$）	≤	0.002	0.002	0.005	0.01	0.1
21	石油类/（$mg \cdot L^{-1}$）	≤	0.05	0.05	0.05	0.5	1.0

续表 5-1

序号	分类标准值项目		Ⅰ类	Ⅱ类	Ⅲ类	Ⅳ类	Ⅴ类
22	阴离子表面活性剂/($mg \cdot L^{-1}$)	≤	0.2	0.2	0.2	0.3	0.3
23	硫化物/($mg \cdot L^{-1}$)	≤	0.05	0.1	0.2	0.5	1.0
24	粪大肠菌群/(个$\cdot L^{-1}$)	≤	200	2 000	10 000	20 000	40 000

5.3.2 出厂水的判定

出厂水是指经过水厂集中处理后的,即将进入输配水管网的水。出厂水是经过一系列的物理、化学和生物处理过程,如沉淀、过滤、消毒等,以达到一定的水质标准。

出厂水检测标准是指对出厂水进行质量检测和评价的标准,这些标准用于确保供水满足国家和地方的卫生、安全和环保要求,保障公众的饮用水安全。

出厂水检测标准通常包括以下几个方面。

(1)感官指标。

感官指标包括色度、浑浊度、气味等,这些指标通过肉眼和嗅觉进行检测,是评价水质直观的指标。

(2)理化指标。

理化指标包括 pH、总硬度、溶解氧、氨氮、硫化物等,这些指标通过化学分析方法进行检测,是评价水质的重要参数。

(3)微生物指标。

微生物指标包括细菌总数、大肠菌群、总大肠菌群等,这些指标通过培养和计数方法进行检测,是评价水质的卫生状况的重要依据。

(4)有毒有害物质指标。

有毒有害物质指标包括铅、汞、镉等重金属,以及各种有机污染物和农药残留物等,这些指标通过特定的检测方法进行检测,是评价水质安全性的重要指标。

此外,不同地区和国家的出厂水检测标准可能会有所不同,因为各地的水质状况、卫生要求和法律法规都有所差异。因此,在进行出厂水检测时,应遵循当地的标准和法律法规,确保水质符合要求,保障公众的健康和安全。

5.3.3 末梢水的判定

末梢水是指出厂水经过输配水管网输送至用户的水龙头的水。末梢水在管网中可能会受到一定的污染,如管道的锈蚀、微生物的滋生等。因此,末梢水的质量可能会低于出厂水的质量,需要定期进行水质监测和消毒处理。

末梢水检测标准通常包括以下几个方面。

(1)感官性状和物理指标。

将水龙头进行消毒,并放水一段时间后,使用备采水样对于采样容器、塞子进行荡洗,采集水样之后,贴上标签,写明采样时间、采样地点、天气等信息。

(2)微生物指标。

消毒出水口,用明火在水龙头附近打造无菌环境,放水后,采集水样,并在其中添加微量的硫代硫酸钠,以起到还原余氯的作用,写明采样时间地点。

(3)金属指标。

与上述步骤一致,水样中添加浓硝酸,使其离子化。标明地点、时间和天气等。

(4)末梢水基本项目的判定。

①水质常规项目判定。检测指标非常多,主要有 15 种,如锰铜、总大肠菌群、浑浊度、铅、铁、硝酸盐、pH、耗氧量、色度、总硬度、菌落总数、锌、硒、砷。关于常规项目的检测,需要严格遵循每种项目的检测方法和要求开展。其中,总大肠菌群检测方式为多管发酵法;金属指标的检测采用电感耦合等离子体质谱法;pH 使用玻璃电极法检测;总硬度采用乙二胺四乙酸二钠滴定法;浑浊度采用目视比浊法进行检测;色度选择铂-钴标准比色法进行检测;耗氧量的检测方法为酸性高锰酸钾滴定法;菌落总数采用平皿计数法;硝酸盐氨采用紫外分光光度法检测。而基于《生活饮用水卫生标准》(CB 5749—2022)作为检测结果评价的标准,如果出现一项指标不符合标准则表示水样不合格。

②水样中有机污染物判定。有机物判定方法的标准是采用固相萃取/气相色谱-质谱法(GC-MS)作为参照。其分析条件为:280 ℃的进样温度,300 ℃的 FID 检测器温度,2 μL 进样量。载气:直接进样,1 mL/min 氦气流量,程序为 80 ℃(2 min),4 ℃(1 min),270 ℃(20 min)。离子源为 EI,接口温度为 280 ℃,离子化能量为 70 eV。使用 NIST2002 谱库检索:比较水样总离子图与 NIST 谱库内的谱图,掌握水样中有机污染物的类型和具体含量。

5.4 生活饮用水的判定

民以食为天,食以水为先。生活饮用水包括饮水和生活用水,是人类生存的基本需求,水质的优劣直接影响着人们的健康。

生活饮用水感官性状和物理指标包括色度、浑浊度、臭和味、肉眼可见物、pH、总硬度、溶解性总固体、挥发酚类及阴离子合成洗涤剂。现行的《生活饮用水卫生标准》(GB 5749—2022)中对其限值进行了规定。

5.4.1 色度

清洁水应是无色的,天然水经常呈现的浅黄、浅褐或黄绿等各种颜色是自然环境中有机物的分解过程和所含无机物造成的,最常见的是天然有机物的分解产生的有机络合物的颜色。色度过高的自来水常伴有各种颜色,肉眼容易察觉。

(1)色度来源。

天然水经常显示浅黄、浅褐或黄绿等不同的颜色,这些颜色分为真色与表色。真色是溶于水的腐殖质、有机或无机物质所造成的。当水体受到工业废水的污染时也会呈现不同的颜色。表色是没有除去水中悬浮物时产生的颜色。

(2)色度判定意义。

色度是评价感官质量的重要指标。一般来讲,水中带色物质本身没有明显的健康危害,色度在卫生上意义不是很大。主要考虑不应引起感官上的不快。

(3)色度判定标准。

色度是评价感官质量的重要指标,卫生标准规定色度不应超过15°。检测方法为铂-钴标准比色法,用氯铂酸钾和氯化钴配制成与天然水黄色色调相似的标准色列,用于水样目视比色测定。规定1 mg/L铂(以$PtCl_6^{2-}$形式存在)所具有的颜色作为1个色度单位,称为1°。

5.4.2　浑浊度

清洁水应是透明的,水的浑浊度是由悬浮物或胶态物,或两者造成的在光学方面的散射或吸收行为,表示水中悬浮物和胶态物对光线透过时的阻碍程度。浑浊度主要取决于胶体颗粒的种类、含量、大小、形状和折射指数。

(1)浑浊度来源。

天然水的浑浊度是由水中含有泥沙、黏土、细微的有机物和无机物、可溶性带色有机物以及浮游生物和其他微生物等细微的悬浮物所造成。当浑浊度为10°时,会感到水质混浊,造成某些化学物质和细菌病毒的附着。

(2)浑浊度判定意义。

浑浊度是反映天然水和饮用水物理性状的一项指标,用于表示水的清澈或浑浊程度,是衡量水质的重要指标之一。

浑浊度降低有利于水的消毒,对确保给水安全是必要的。出厂水的浑浊度低有利于加氯消毒后的水减少臭和味;有助于防止细菌和其他微生物的重新繁殖。在整个配水系统中保持低的浑浊度,利于适量余氯的存在。

(3)浑浊度判定标准。

浑浊度影响消毒的有效性,是判断水是否遭受污染的一个表观特征,卫生标准规定浑浊度不应超过1NTU。检测方法为散射法——福尔马肼标准,在相同条件下用福尔马肼标准混悬液散射光的强度和水样散射光的强度进行比较。

5.4.3　臭和味

清洁水应是无臭气和异味的。被污染的水体往往具有不正常的气味,用鼻闻到的称为臭,用口尝到的称为味。根据水的臭和味,可以推测水中所含有的杂质和有害成分。

(1)臭和味来源。

水生植物或微生物的繁殖和衰亡;有机物的腐败分解;溶解气体H_2S等;溶解的矿物盐或混入的泥土;工业废水中的各种杂质;饮用水消毒过程的余氯等。

(2)臭和味判定意义。

臭和味会给人一种厌恶的感觉,可以推测水中是否含杂质和有害成分。

(3)臭和味判定标准。

卫生标准的规定是无异臭、异味,但在不同水体中臭和味会有不同的表现,例如湖沼水因水藻大量繁殖或有机物较多而有鱼腥气及霉烂气,水中含有硫化氢时使水呈臭蛋味,硫酸钠或硫酸镁过多时呈苦味,铁盐过多时有涩味。水中含有适量碳酸钙和碳酸镁时会使人感到甘美可口,含氧较多的水略带甜味。受生活污水、工业废水污染时可呈现特殊的臭和味。

5.4.4 肉眼可见物

肉眼可见物主要是指水中存在的、能以肉眼观察到的颗粒或其他悬浮物质。水中含有肉眼可见物会影响饮用水的外观,表明水中可能存在有害物质或生物的过多繁殖。

(1)肉眼可见物来源。

肉眼可见物来源于土壤冲刷、生活及工业垃圾污染、水生生物、油膜及其他不溶于水的悬浮物。含铁高的地下水暴露于空气中,水中的 Fe^{2+} 易氧化形成沉淀。水处理不当也会造成水中絮凝物的残留。有机物污染严重的水体中藻类的大量繁殖,可造成水中大量有色悬浮物的产生。

(2)肉眼可见物判定意义。

水中含有肉眼可见物表明水中可能存在有害物质或生物的过多繁殖,肉眼可见物超标会给人一种厌恶的感觉。

(3)肉眼可见物判定标准。

卫生标准规定肉眼可见物应为无。生活中如果水处理不当会造成水中絮凝物的残留;有机物污染严重的水体中藻类的大量繁殖会造成水中大量有色悬浮物的产生。

5.4.5 pH

pH 是水中氢离子的负对数,它反映了水的酸碱度。

(1)pH 判定意义。

pH 是最重要水化学检测指标之一,澄清和消毒工艺过程应控制 pH 才能使之达到最佳化。主要是考虑到对管道的影响,pH 过高或过低会腐蚀管道,配水系统也必须控制 pH,使其对管网的腐蚀性降至最低程度。

世界卫生组织还没有基于健康的准则 pH。血液 pH 即 7.35~7.45。在人类进化中,从饮用天然水到自来水,在这个范围内,人体内都具有强的 pH 缓冲及调剂能力。

(2)pH 判定标准。

生活饮用水卫生标准为 6.5~8.5,水质酸性或碱性过强对人体健康都有不良影响。水质 pH 过高将会导致溶解性盐类析出,使水的感官性状变坏,并且 pH 对絮凝沉淀的效果、净水剂投量、加氯消毒效果及除氯处理等都有关系,会降低氯制剂的消毒效果;相反,如果 pH 过低,也就是酸性过强时,会增加水对金属,特别是对铁、铅和二氧化碳的溶解能力,这种水容易腐蚀管道。

pH 的检测方法为玻璃电极法,是以玻璃电极为指示电极,饱和甘汞电极为参比电极,插入溶液中组成原电池。当氢离子浓度发生变化时,玻璃电极和甘汞电极之间的电动势也随之变化,在 25 ℃时,每单位 pH 标度相当于 59.1 mV 电动势变化值。在仪器上直接以 pH 的读数表示。

5.4.6 总硬度

(1)总硬度来源。

水总硬度是指水中 Ca^{2+}、Mg^{2+} 的总量,它包括暂时硬度和永久硬度。水中 Ca^{2+}、Mg^{2+} 以酸式碳酸盐形式存在的部分，因其遇热即形成碳酸盐沉淀而被除去，称之为暂时硬度；而以硫酸盐、硝酸盐和氯化物等形式存在的部分，因其性质比较稳定，不能够通过加热的方式除去，故称为永久硬度。

(2)总硬度判定意义。

硬度高的水可使肥皂沉淀，洗涤剂的效用大大降低；纺织工业上硬度过大的水使纺织物粗糙且难以染色；锅炉燃烧易堵塞管道，引起锅炉爆炸事故；高硬度的水不仅难喝、有苦涩味，而且饮用后会影响胃肠功能等，所以总硬度是一个重要的监测指标。

(3)总硬度判定标准。

卫生标准规定生活饮用水总硬度不高于450 mg/L(以 $CaCO_3$ 计)。采用乙二胺四乙酸二钠(EDTA)滴定法测定，是在一定条件下(pH=10)以铬黑T为指示剂，氨-氯化铵为缓冲溶液，乙二胺四乙酸二钠与钙、镁离子形成稳定的配合物，从而测定水中钙、镁离子的总量。

(4)硬度分类。

水的硬度分为碳酸盐硬度和非碳酸盐硬度两种。

①钙硬度。水中 Ca^{2+} 的含量称为钙硬度。

②镁硬度。水中 Mg^{2+} 的含量称为镁硬度。

③碳酸盐硬度。主要是由钙、镁的碳酸氢盐[$Ca(HCO_3)_2$、$Mg(HCO_3)_2$]所形成的硬度，还有少量的碳酸盐硬度。碳酸氢盐硬度经加热后分解成沉淀物从水中除去，故也称为暂时硬度。

④非碳酸盐硬度。主要是由钙、镁的硫酸盐、氯化物和硝酸盐等盐类所形成的硬度。这类硬度不能用加热分解的方法除去，故也称为永久硬度，如 $CaSO_4$、$MgSO_4$、$CaCl_2$、$MgCl_2$、$Ca(NO_3)_2$、$Mg(NO_3)_2$ 等。

⑤总硬度。碳酸盐硬度和非碳酸盐硬度之和称为总硬度。

⑥负硬度。当水的总硬度小于总碱度时，它们的差称为负硬度。

(5)总硬度分析方法。

①化学分析法(EDTA络合滴定法)。EDTA络合滴定法是一种普遍使用的测定水的硬度的化学分析方法。它是在一定条件下，以铬黑T为指示剂，NHHO-NHCl为缓冲溶液，EDTA与钙、镁离子形成稳定的配合物，从而测定水中钙、镁离子总量。

该方法易产生指示剂加入量、指示终点与计量点、人工操作者对终点颜色的判断等误差。在分析样品时，如水样的总碱度很高时，滴定至终点后，蓝色很快又返回至紫红色，此现象是由钙、镁盐类的悬浮性颗粒所致，影响测定结果。可将水样用盐酸酸化、煮沸，除去碱度。冷却后用氢氧化钠溶液中和，再加入缓冲溶液和指示剂滴定，终点会更加敏锐。

由于指示剂铬黑T易被氧化，加铬黑T后应尽快完成滴定，但临近终点时最好每隔2~3 s滴一滴并充分振摇，并且在缓冲溶液中适量加入等当量EDTA镁盐，使终点明显。滴定时，水样的温度应以20~30 ℃为宜。

②仪器分析法(分光光度法)。分光光度法是基于朗伯-比耳定律对元素进行定性定量分析的一种方法。通过吸光强度值可定量地确定元素离子的浓度值。该法应用于水硬度的测定，具有灵敏度较高、操作简便、快速的优点，但是选择合适的显色剂成为该方法的关键。于桦等系统研究了酸性铬蓝K(ACBK)与钙、镁同时作用的显色体系，在pH=10.2的氨-氯化铵缓冲介质中，Ca和Mg离子均可与ACBK显色剂形成1∶1的配合物，在468 nm波长

处,Ca 和 Mg 的总含量符合朗伯-比耳定律。

③原子吸收法作为一种分析方法以来,得到了迅速发展和普及。由于其对元素的测定具有快速、灵敏和选择性好等优点,成为分析化学领域应用最为广泛的定量分析方法之一,是测量气态自由原子对特征谱线的共振吸收强度的一种仪器分析方法。

④电感耦合等离子体发射光谱法(ICP-AES 法)。ICP-AES 法自从 20 世纪 60 年代等离子体光源发展以来,得到了普遍应用。ICP-AES 法可进行水溶液或有机溶液及溶解的固体元素的分析,大约可同时检测试样中的 72 种元素(包括 P、B、Si、As 等非金属元素),浓度范围为痕量至百分数量级。具有连续单元素操作、连续多元素操作的特点。

⑤色谱分析法。色谱分析法即离子色谱法(IC),是液相色谱的一种,是分析离子的一种液相色谱方法。离子色谱法于 1977 年开始在水处理领域应用,已经解决了许多高纯水样品中的实际测定难题。用离子色谱法测定水中硬度能有效避免有机物干扰,并且不用考虑镁离子的影响,在镁含量过低时仍可直接测定。此法具有用量少、简便、快速、准确的特点。

⑥电化学分析法(自动电位滴定法)。自动电位滴定法是根据 滴定曲线自动确定终点,化学计量点与终点的误差非常小,准确度高,避免了化学分析滴定的误差,自动电位滴定因无须指示剂,故对有色试样、浑浊和无合适指示剂的试样均可滴定。具有快速、简单的特点,结果准确可靠,重现性好,适用于检测水的总硬度。

⑦电极法。离子选择性电极是一种对于某种特定的离子具有选择性的指示电极。该类电极有一层特殊的电极膜,电极膜对特定的离子具有选择性响应,电极膜的点位与待测离子含量之间的关系符合能斯特公式。此法具有选择性好、平衡时间短、设备简单、操作方便等特点。

5.4.7 溶解性总固体

溶解性总固体(TDS)是指水中溶解性物质的总量,其中主要是矿物质,主要成分有钙、镁、钠的重碳酸盐、氯化物和硫酸盐等盐类。

(1)溶解性总固体来源。

TDS 又称溶解性固体总量,测量单位为 mg/L,它表明 1 L 水中溶解性固体的质量。

(2)溶解性总固体判定意义。

TDS 包括无机物和有机物两者的含量,TDS 值越高,表示水中含有的溶解物越多。一般不考虑天然水中所含有机物及呈分子状的无机物,所以会把含盐量称为 TDS。水中溶解性总固体含量过高时,可使水产生不良味道,并能损坏配水管道和设备,它是评价水质矿化程度的重要依据。

(3)溶解性总固体判定标准。

溶解性总固体含量低于 600 mg/L 时水的味道尚好,当高于 1 200 mg/L 时会影响水的味道。卫生标准规定水中溶解性总固体含量不大于 1 000 mg/L。采用称量法测定,即水样经过滤后,在一定温度下烘干,将所得的固体残渣称重。

5.4.8 挥发酚类

天然水中并不含有酚类物质,水中的酚主要是含酚物质污染的结果。酚类化合物本身毒性并不大,但是水中含酚可以引起水的感官性恶化,产生恶臭味。特别是饮用水使用漂白剂、漂白精等氯化消毒剂消毒时,氯与酚能形成臭味更加强烈的氯酚,引起胃肠功能不良。

(1)挥发酚类来源。

根据酚类能否与水蒸气一起蒸出,挥发酚类分为挥发酚和不挥发酚。酚类为原生质毒,属高毒物质。通常认为沸点在230 ℃以下为挥发酚,一般为一元酚;沸点在230 ℃以上为不挥发酚。苯酚、甲酚、二甲酚均为挥发酚,二元酚、多元酚为不挥发酚。酚的主要污染源有煤气洗涤、炼焦、合成氨、造纸、木材防腐和化工行业的工业废水。

(2)挥发酚类判定意义。

人体摄入一定量挥发酚类会出现急性中毒症状;长期饮用被酚污染的水,可引起头痛、皮疹、瘙痒、贫血及各种神经系统症状。当水中含酚量为0.1~0.2 mg/L,鱼肉会产生异味;水中含酚量大于5 mg/L时,鱼会中毒死亡。含酚量高的废水不宜用于农田灌溉,否则会使农作物枯死或减产。

(3)挥发酚类判定标准。

挥发酚并不是一种化合物,而是苯酚及其同系物的总称。由于这些酚在水质检验中能被蒸馏而检查出来,所以称为挥发酚类。

卫生标准规定水中挥发酚含量不得超过0.002 mg/L(以苯酚计)。检测方法为4-氨基安替比林三氯甲烷萃取分光光度法,即在pH为10.0±0.2和有氧化剂铁氰化钾存在的溶液中,酚与4-氨基安替比林形成红色的安替比林染料,用三氯甲烷萃取后比色定量。

5.4.9 阴离子表面活性剂

天然水中不含有表面活性剂。随着表面活性剂工业的发展,有些地面水和浅层地下水越来越多地受到污染。

(1)阴离子表面活性剂来源。

阴离子表面活性剂(LAS)是一种混合物,主要成分是烷基苯磺酸钠,以及一些增净剂、漂白剂、荧光增白剂、抗腐蚀剂、泡沫调节剂、酶等辅助成分。LAS不是单一的化合物,可能包括具有不同链长和异构体的几个或全部有关的26个化合物。

(2)阴离子表面活性剂判定意义。

LAS有持久作用,动物摄入后表现为血液中胆固醇增高。摄入量为0.25~50 mg/kg时,血液中胆固醇水平平均提高22%~48%,原因是LAS的存在有利于小肠对食物中胆固醇的吸收,提高血浆阻留胆固醇的能力和加快肝脏合成胆固醇的速度。有报道表明,LAS能刺激体重增加,可引起血红蛋白、红细胞和白细胞数量的变化。

阴离子洗涤剂对人体皮肤也有损害,一些从事洗涤剂职业的人员,手背、前臂等裸露部位常有皮炎,进一步发展成湿疹。LAS对肝脏的损伤作用也是存在的。据调查,生产洗涤剂的女工,脸部和眼圈周围可见到对称的色素沉着“肝斑”。原因是LAS由皮肤或口腔进入体内后,肝脏的线粒体受到影响,血清中钙离子浓度下降,氧化酶活化受到抑制,机体出现酸中毒,皮肤中的黑色素受过氧化酶作用由无色变成黑褐色而沉积于脸部。一旦中止接触LAS,“肝斑”会在短时间内消失。

(3)阴离子表面活性剂判定标准。

目前国内生产的表面活性剂以阴离子型的十二烷基苯磺酸盐为主,这类物质化学性能稳定,一旦污染水源,就不易降解和消除。当水中LAS含量为0.5 mg/L时会产生泡沫,有异味，进入肠胃后有刺激黏膜的作用，甚至引起腹泻、腹痛。

根据味觉及形成泡沫的阈浓度，标准限值为0.3 mg/L。检测方法为亚甲蓝分光光度法，原理是亚甲蓝染料在水溶液中与阴离子合成洗涤剂形成易被有机溶剂萃取的蓝色化合物，未反应的亚甲蓝则仍留在水溶液中，根据有机相蓝色的强度，测定阴离子表面活性剂的含量。

第6章　质量控制与数据分析

6.1　采样质量控制

6.1.1　质量控制的目的

保证采样全过程质量,防止样品采集过程中水样受到污染或发生性状改变。

6.1.2　现场空白

现场空白是在采样现场以纯水作为样品,按照测定指标的采样方法和要求,在与样品相同的条件下装瓶、保存和运输,直至送交实验室分析。

通过将现场空白与实验室空白测定结果相对照,掌握采样过程中操作步骤和环境条件对样品中待测物浓度影响的状况。

现场空白所用的纯水要用洁净的专用容器,由采样人员带到采样现场,运输过程中应注意防止污染。

每批样品至少设一个现场空白。

6.1.3　运输空白

运输空白是以纯水作为样品,从实验室到采样现场又返回实验室。运输空白可用于掌握样品运输、现场处理和储存期间带来的可能污染。

每批样品至少设一个运输空白。

6.1.4　现场平行样

现场平行样是在相同的采样条件下,采集平行双样送实验室分析。

现场平行样要注意控制采样操作和条件的一致。对水样中非均相物质或分布不均匀的污染物,在样品灌装时应摇动采样器,使样品保持均匀。

现场平行样的数量一般控制在样品总量的10%以上。

6.1.5　现场加标样或质控样

现场加标样是取一组现场平行样,将实验室配制的一定浓度的被测物质的标准溶液加入到其中一份,另一份不加,然后按样品要求进行处理,送实验室分析。将测定结果与实验室加标样对比,掌握测定对象在采样和运输过程中的准确度变化情况。现场加标样除加标过程在采样现场进行外,其他要求与实验室加标样一致。现场使用的标准溶液与实验室使用的应为同一标准溶液。

现场质控样是将与样品基体组分接近的质控样带到采样现场，按样品要求处理后与样品一起送实验室分析。

现场加标样或质控样的数量一般控制在样品总量的10%以上。

6.2 水质分析质量控制

6.2.1 质量控制要求

质量控制的目的是把分析工作中的误差减小到一定限度以获得准确可靠的测试结果.

质量控制应贯穿水质分析工作的全过程，如样品采集与保存、样品分析、数据处理等。理化指标、微生物指标、放射性指标检验的质量控制应符合《生活饮用水标准检验方法 第1部分：总则》(GB/T 5750.1—2023)和《生活饮用水检验标准方法 第2部分：水样的采集与保存》(GB/T 5750.2—2023)及相关指标检验方法的相关要求。

实验室首次采用标准方法之前，应对其进行验证。

质量控制是发现、控制和分析产生误差来源的过程，用以控制和减小误差，可通过使用标准物质或质量控制样品、进行比对实验(如人员比对、方法比对、仪器比对、留样再测等)、参加能力验证计划或实验室间比对、平行双样法、加标回收法及其他有效技术方法来实现，以保证分析结果的准确可靠。

6.2.2 分析误差

(1)误差的分类。

分析工作中的误差有三类：系统因素影响引起的误差、随机因素影响引起的误差和过失行为引起的误差。

(2)误差的表示方法。

精密度反映了随机误差的大小，可用重复测定结果的标准偏差或相对标准偏差表述精密度。

准确度反映了分析方法或测量系统中系统误差和随机误差的大小，可通过标准物质或质量控制样品检验结果的偏差评价分析工作的准确度；或通过测定加标回收率表述准确度。

6.3 方法验证

6.3.1 基本要求

实验室应按照《化学分析方法验证确认和内部质量控制要求》(GB/T 32465—2015)对标准方法进行验证，以了解和掌握分析方法的原理、条件和特性。验证内容包括但不限于系统适应性实验、空白值测定、方法检出限估算、校准曲线绘制及检验、方法误差预测(如精密度、准确度)、干扰因素排查等。

6.3.2 系统适应性检验

实验室应详细研究拟采用方法所要求的相关条件，最终确定分析系统所要求的条件。

6.3.3 空白值测定

空白值是指以实验用水代替样品,其他分析步骤及所加试液与样品测定完全相同的操作过程所测得的值。影响空白值的因素有实验用水质量、试剂纯度、器皿洁净度、计量仪器性能及环境条件、分析人员的操作水平和经验等。空白值应小于对应的方法检出限。

空白值的测定方法是每批做平行双样测定,分别在一段时间内(隔天)重复测定一批,共测定 5~6 批。

6.4 数据处理

6.4.1 离群值的判断和处理

(1)离群值的判断和处理按照《数据的统计处理和解释　正态样本离群值的判断和处理》(GB/T 4883—2008)执行。

(2)格拉布斯(Grubbs)检验法可用于检验多组测量均值的一致性和剔除多组测量值均值中的离群值,亦可用于检验一组测量值的一致性和剔除一组测量值中的离群值,检出的离群值个数不超过 1。

(3)狄克逊(Dixon)检验法用于检验一组测量值的一致性和剔除一组测量值中的离群值,适用于检出一个或多个离群值。检出离群值的显著性水平 α(即检出水平)适宜取值是 5%。对于检出的离群值,按规定以剔除水平 α^* 代替检出水平 α 进行检验,若在剔除水平下此检验是显著的,则判此离群值为高度异常。剔除水平 α^* 一般采用 1%。上述规则的选用应根据实际问题的性质,权衡寻找产生离群值原因的代价以及正确权衡离群值的得益和错误剔除正常值的风险而定。

(4)科克伦(Cochran)最大方差检验法用于检验多组测量值的方差一致性或剔除多组测量值中精密度较差的一组数据。

(5)实验室内对于测定结果中的离群值判断和处理可用 Grubbs 检验法或 Dixon 检验法;多个实验室平均值中的离群值判断和处理可用 Grubbs 检验法;测定结果方差中的离群值判断和处理可用 Cochran 最大方差检验法。

6.4.2 测定结果的数值修约

(1)测定结果的数值修约按照《数值修约规则与极限数值的表示和判定》(GB/T 8170—2008)执行。

(2)有效数字用于表示测量数字的有效意义。指测量中实际能测得的数字,由有效数字构成的数值,其倒数第二位以上的数字应是可靠的(确定的),只有末位数是可疑的(不确定的)。对有效数字的位数不能任意增删。

(3)测定结果的有效数字位数主要取决于原始数据的正确记录和数值的正确计算。在记录测量值时,要同时考虑到计量器具的精密度和准确度,以及测量仪器本身的读数误差。对检定合格的计量器具,有效位数可以记录到最小分度值,最多保留一位不确定数字(估计值)。以下以实验室最常用的计量器具为例:

①用天平(最小分度值为0.1 mg)进行称量时,有效数字可以记录到小数点后面第4位,如1.223 5 g,此时有效数字为5位;称取0.945 2 g,则为4位。

②用玻璃量器量取体积的有效数字位数是根据量器的容量允许差和读数误差来确定的,如单标线A级50 mL容量瓶,准确容积为50.00 mL;单标线A级10 mL移液管,准确容积为10.00 mL,有效数字均为4位;用分度移液管或滴定管,其读数的有效数字可达到其最小分度后一位,保留一位不确定数字。

③分光光度计最小分度值为0.001,因此,吸光度一般可记到小数点后第3位,有效数字位数最多只有3位。

④带有计算机处理系统的分析仪器,往往根据计算机自身的设定,打印或显示结果,可以有很多位数,但这并不增加仪器的精度和可读的有效位数。

⑤在一系列操作中,使用多种计量仪器时,有效数字以精确位数或有效位数最少的一种计量仪器的位数表示。

(4)数字“0”是否为有效数字,与其在数值中的位置有关。当它位于非零数字前仅起定位作用,而与测量的准确度无关时,不是有效数字;当它用于表示与测量准确度有关的精确位数时,即为有效数字。

(5)倍数、分数、不连续物理量的数值,以及不经测量而完全根据理论计算或定义得到的数值,其有效数字的位数可视为无限,这类数值在运算过程中按照需要定位。

(6)由有效数字构成的测定值必然是近似值,因此,测定值的运算应按近似计算规则进行。

(7)运算过程中,有效数字位数确定后,其余数字应按修约规则修约后舍去。

(8)校准曲线的相关系数只舍不入,保留到小数点后出现非9的一位,如0.999 89→0.999 8。如果小数点后都是9,最多保留小数点后4位。校准曲线的斜率b的有效位数,应与自变量x的有效数字位数相等,或最多比x多保留一位。截距a的最后一位数,则和因变量y数值的最后一位取齐,或最多比y多保留一位。校准曲线的斜率和截距有时小数点后位数很多,一般保留3位有效数字,并以幂表示。

(9)表示精密度的相对标准偏差的有效数字根据分析方法和待测物的浓度不同,一般只取1~2位有效数字。

6.4.3 测定结果的报告表示

(1)测定结果的计量单位应采用中华人民共和国法定计量单位。

(2)化学分析指标的测定结果一般以毫克每升(mg/L)表示,浓度较低时,则以微克每升(μg/L)表示。

(3)放射性指标的测定结果以贝可每升(Bq/L)表示。

(4)其他指标的测定结果表示应按照(GB 5749—2022)的限值要求执行。

(5)平行样测定结果应在允许偏差范围内,并以其平均值表示测定结果。

(6)测定结果有效位数与方法最低检测质量浓度保持一致,一般不超过3位有效数字。例如,一个方法的最低检测质量浓度为0.02 mg/L,而测定结果报告0.088 mg/L就不合理,应报告0.09 mg/L。

(7)低于方法最低检测质量浓度测定结果,应以小于方法最低检测质量浓度表示,如<0.005 mg/L。

(8)需要时,应给出测定结果的不确定度范围,具体应按照《测量不确定度评定和表示》(GB/T 27418—2017)执行。

6.5 数据的正确性判断

各种离子在水体中处于相互影响、相互制约的平衡状态,任何一种影响因素的变化,都必然会使原有的平衡发生改变,达到新的平衡。因此,利用化学平衡理论,如电荷平衡、沉淀平衡等,可以及时发现较大的分析误差和失误,控制和核对数据的正确性,弥补质量控制不能对每份样品提供可靠控制的不足。为计算方便,可建立测定数据的正确性检验程序,在报告测定结果的同时,报告正确性检验的计算结果。

第7章　原始记录单与报告撰写

7.1　原始记录单撰写内容

7.1.1　人员及时间内容填写

在记录中以签名的方法记录完成该项工作的人员；检测时间应记录某检测项目的开始检测时间和检测结束时间。

7.1.2　样品信息的填写

在样品记录中应详细包含所有的样品信息，在检测记录中可只记录样品名称和实验室样品唯一性编号，以及样品到达实验室后的处置记录。

7.1.3　依据的检测方法的填写

在不引起混淆的情况下，可只记录方法的标准代号及发布年号或依据的文件名称、编号及发布年号。如果要记录实验室标准操作规程，此时可只记录名称、文件编号及版本号。当依据的文件中规定有多个方法时，应准确记录方法名称或章条号，确保方法依据的唯一性。

7.1.4　仪器设备及标准物质填写

(1)记录主要的直接出具数据的关键设备，如果实验室认为其他设备也很重要，也应记录。通常，应记录使用的仪器设备名称、仪器设备的唯一性编号，必要时还应记录量值溯源信息。

(2)记录所使用的标准物质及质控物质的名称、有证标准物质的编号及其有效期，标准溶液的标准值及有效期，必要时还要记录储备液的有效期、使用液的有效期。

7.1.5　重要配件试剂药品和工具填写

必要时，应记录检测中使用的重要配件(如规格型号)、对检测结果有直接影响的重要试剂药品和工具等。检测记录设计人员应对这些内容进行识别，确保不会漏记，必要时可与有关人员讨论确定。

7.1.6　环境条件填写

检测方法对环境条件有要求，实验室要记录检测时的环境条件。记录环境条件的目的是证明检测时的环境条件满足方法标准的要求。因此，检测人员在检测开始前，应经过对环境条件满足方法要求的判断，确认满足要求之后记录。

7.1.7 检测过程记录

(1)通常,检测依据的方法文件中对过程有详细的规定,实验室应用简略的、逻辑严密的文字记录实际检测操作过程,用以证明检测过程满足依据文件的要求。示例:某方法文本要求样品在烘箱中(105±5)℃条件下烘干 2 h。实验室应记录烘干开始时间、烘干结束时间、开始的温度、中间温度、烘干结束温度 5 个数据,用以证明烘干过程满足方法要求。

(2)设计过程记录表单时,可将文字描述部分固定,留出数字空白处,检测人员在记录时,只需填写数据即可。通常,至少在一段时间内,仪器设置的条件记录不会改变,这些记录可固定。

(3)校准过程记录,应记录校准曲线设置的浓度点的浓度、仪器响应信号值、校准函数及相关系数表达式或图形。必要时(如果有),还应有校准曲线满足质量控制要求的结果评价记录。

(4)据获取及计算转换、数据修约及结果的最终表达过程记录,数据的获取记录从仪器上直接获取的图表来表示。在不引起混淆的情况下,可直接记录最后(修约后的)结果,数据计算转换可用公式表达。

(5)质量控制记录,必要时(如果有),应有质量控制及结果满足要求的评价记录。在化学定量分析领域,通常的质量控制记录包括回收率、重复性、空白等,记录的内容包括方法回收率、重复性限的要求,本次检测的回收率和重复性误差,以及满足要求的评价。

(6)必要时还应有测量不确定度评定的结果记录、方法检出限、定量限、结果解释及意见。

7.2 常见水质分析原始记录单(案例)

见表 7-1~7-12。

表 7-1 地表(下)水采样原始记录表

样品名称________ 采样日期____年____月____日 水期(枯、平、丰)________

采样时间	断面或采样点	样品编号	样品数量	天气	风向	气压/kPa	现场测定记录							样品现场固定情况
							气温/℃	水温/℃	水深/m	流速/($m·s^{-1}$)	流量/($m^3·s^{-1}$)	感官指标描述		
												色	嗅	

现场情况描述: 备注:

分析项目:

采样人: 复核人: 共 页 第 页

表 7-2　pH 分析原始记录表

样品名称　　采(送)样日期　　分析日期
分析方法及依据　　仪器名称型号及编号　　室温/℃
标准缓冲液Ⅰ定位值　　标准缓冲液Ⅱ理论值　　标准缓冲液Ⅱ测定值
标准缓冲液Ⅲ理论值　　标准缓冲液Ⅲ测定值

样品编号	分析编号	水温/℃	pH	备注

分析者：　　复核者：　　共　页　第　页

表 7-3　电导率分析原始记录表

样品名称　　采(送)样日期　　分析日期
分析方法及依据　　仪器型号及编号　　室温/℃

样品编号	分析编号	水温/℃	电导率/($\mu S \cdot cm^{-1}$)	25 ℃电导率/($\mu S \cdot cm^{-1}$)	备注

分析者：　　复核者：　　共　页　第　页

表7-4 色度分析原始记录表

样品名称________ 采(送)样日期________ 分析日期________

分析方法及依据 稀释倍数法 GB/T11903—1989 计算公式 $A_0 = K_1 \times K_2 \times K_3 \cdots$

样品编号	分析编号	稀释倍数 K_1	稀释倍数 K_2	稀释倍数 K_3	稀释倍数 K_4	稀释倍数 K_5	稀释倍数 K_6	样品色度 A_0/倍	备注

分析者： 复核者： 共 页 第 页

表7-5 浊度分析原始记录表

样品名称________ 采(送)样日期________ 分析日期________

分析方法及依据________ 仪器型号及编号________ 室温/℃________

相对湿度________ 测定波长/nm ________ 参比溶液________

校准曲线	分析编号							
	标准溶液加入体积/mL							
	浊度							
	吸光度							
	减空白后吸光度							
	回归方程							
	相关系数							

标准溶液浓度________ 校准曲线绘制日期________ 标准溶液配制日期________

样品编号	分析编号	样品吸光度	样品浊度

分析者： 复核者： 共 页 第 页

表 7-6　溶解氧(DO)分析原始记录表

样品名称　　　　　　　　采(送)样日期　　　　　　　　分析日期
分析方法及依据　　　　　仪器型号及编号　　　　　　　室温/℃

样品编号	分析编号	水温/℃	溶解氧质量浓度/$(mg \cdot L^{-1})$	备注

分析者:　　　　　　　　复核者:　　　　　　　　共　页　第　页

表 7-7　水质总硬度分析原始记录表

样品名称________　采(送)样日期________　分析日期________
方法依据________　标准溶液配制________　标准液配制日期________
公式　$c=c_1V_1/V_0$　钙标准溶液配制及浓度________　标准液配制日期________

样品编号	分析编号	取样体积/mL	EDTA 二钠溶液消耗量/mL			钙镁总含量/$(mmol \cdot L^{-1})$	样品 $CaCO_3$ 硬度/$(mg \cdot L^{-1})$	备注
			终读	始读	用量			
								1 mmol/L 的钙镁总量相当于 100 mg/L 以 $CaCO_3$ 表示的硬度

标定:每次取 20.0 mL 钙标准溶液稀释至 50 mL 后滴定。

平行标定	1	2	3	公式	EDTA 二钠溶液浓度均值
始读/mL					
终读/mL					
消耗量 V_2/mL					

平行样检查	分析编号	与		与	
	测定浓度(　　)				
	相对/绝对允(偏)差				
	是否合格				

分析者:　　　　　　　　复核者:　　　　　　　　共　页　第　页

表 7-8 化学需氧量(COD)分析原始记录表

样品名称________ 采(送)样日期________ 分析日期________

分析方法及依据 《水质 化学需氧量的测定 重铬酸盐法》 (HJ 828—2017)

计算公式 $COD_{Cr}(mg/L)=8\ 000C_f(V_0-V_1)/V_2$

标准溶液Ⅰ(重铬酸钾)配制________ 配制日期________

标准溶液Ⅱ(重铬酸钾)配制________ 配制日期________

标准溶液Ⅲ(硫酸亚铁铵)配制________ 配制日期________

标准溶液Ⅳ(硫酸亚铁铵)配制________ 配制日期________

样品编号	分析编号	取样体积/mL	硫酸亚铁铵标准溶液消耗量/mL			样品浓度/($mg\cdot L^{-1}$)	备注
			始读	终读	用量		

________的标定:各加入________5.00 mL。

平行标定	1	2	3	均值	
硫酸亚铁铵溶液消耗量 V/mL					
硫酸亚铁铵标准溶液的浓度 c/($mol\cdot L^{-1}$)					

平行样检查	分析编号	与		与	
	测定浓度( )				
	相对/绝对允(偏)差				
	是否合格				

分析者: 复核者: 共 页 第 页

表 7-9　高锰酸盐指数分析原始记录表

样品名称:	分析项目:高锰酸盐指数
采(送)样日期:	分析日期:

分析方法	《水质　高锰酸盐指数的测定》(GB/T 11892—1989)
标准溶液配制	

草酸钠标准溶液				高锰酸钾标准溶液			
贮备液	浓度/($mol\cdot L^{-1}$)			贮备液	浓度/($mol\cdot L^{-1}$)		
	配制日期				配制日期		
使用液	贮备液体积/mL			使用液	贮备液体积/mL		
	定容体积/mL				定容体积/mL		
	浓度/($mol\cdot L^{-1}$)				浓度/($mol\cdot L^{-1}$)		
	配制日期				配制日期		

平行标定	1	2	3	K 均值	计算公式
高锰酸钾标准溶液消耗量 V_2/mL					$K=\frac{10.00}{V_2}$

样品编号	测定编号	取样体积 V_3/mL	稀释倍数	高锰酸钾标准溶液消耗量 V_1/mL	样品质量浓度/($mg\cdot L^{-1}$)	备注

计算公式		
	不经稀释	$I_{Mn}=\frac{\left[(10+V_1)\frac{10}{V_2}-10\right]\times c\times 8\times 1\,000}{100}$
	稀释后	$I_{Mn}=\frac{\left\{\left[(10+V_1)\frac{10}{V_2}-10\right]-\left[(10+V_0)\frac{10}{V_2}-10\right]\times f\right\}\times c\times 8\times 1\,000}{V_3}$

质控措施:	备注:

分析人:　　　　复核人:　　　　共　页　第　页

表 7-10 总氮分析原始记录

<table>
<tr><td colspan="3">分析项目</td><td colspan="5">总氮</td></tr>
<tr><td colspan="3">仪器型号/编号</td><td colspan="2">T6 新世纪
(HYJC-LH-009)</td><td>分析方法</td><td colspan="2">《碱性过硫酸钾消解紫外分光光度法》
(HJ 636—2012)</td></tr>
<tr><td>仪器条件</td><td colspan="2">测定波长:220 nm 275 nm</td><td colspan="3">比色皿类型:石英</td><td colspan="2">测定光程:1 cm</td></tr>
<tr><td rowspan="6">标准液配制</td><td colspan="2">贮备液浓度</td><td></td><td colspan="3">配制日期</td><td></td></tr>
<tr><td rowspan="5">中间液配制</td><td>贮备液体积/mL</td><td></td><td rowspan="5">使用液配制</td><td>□中间液
□贮备液</td><td>体积/mL</td><td></td></tr>
<tr><td>定容体积/mL</td><td></td><td colspan="2">定容体积/mL</td><td></td></tr>
<tr><td>浓度/(mol · L⁻¹)</td><td></td><td colspan="2">浓度/(mol · L⁻¹)</td><td></td></tr>
<tr><td>配制日期</td><td></td><td colspan="2">配制日期</td><td></td></tr>
</table>

标准系列	序号	1	2	3	4	5	6	7
	使用液体积/mL							
	浓度/($mg \cdot L^{-1}$)							
	吸光度(A_{220})							
	吸光度(A_{275})							
	吸光度(A_r)							
	$a=$			$b=$			$r=$	

样品编号	测定编号	取样量/mL	稀释倍数	吸光度 A_{220}	吸光度 A_{275}	吸光度 A_r	测定值/($mg \cdot L^{-1}$)	结果/($mg \cdot L^{-1}$)	备注
实验室空白	1								

质控措施:	计算公式:	备注:

分析人: 复核人: 共 页 第 页

表 7-11　分光光度法测定原始记录

<table>
<tr><td>分析项目</td><td colspan="3"></td></tr>
<tr><td>仪器型号/编号</td><td>□V-5000(HYJC-LH-008)
□T6 新世纪(HYJC-LH-009)</td><td>分析方法</td><td>《水质 氨氮的测定 纳氏试剂分光光度法》(HJ 535—2009)</td></tr>
<tr><td>仪器条件</td><td>测定波长:　　　nm</td><td>比色皿类型:</td><td>测定光程:　　　cm</td></tr>
</table>

<table>
<tr><td rowspan="6">标准液配制</td><td colspan="2">贮备液配制</td><td></td><td colspan="4"></td></tr>
<tr><td colspan="2">贮备液浓度</td><td></td><td colspan="3">配制日期</td><td></td></tr>
<tr><td rowspan="4">中间液配制</td><td>贮备液体积/mL</td><td></td><td rowspan="4">使用液配制</td><td>□中间液
□贮备液</td><td>体积/mL</td><td></td></tr>
<tr><td>定容体积/mL</td><td></td><td colspan="2">定容体积/mL</td><td></td></tr>
<tr><td>浓度/(mol·L^{-1})</td><td></td><td colspan="2">浓度/(mol·L^{-1})</td><td></td></tr>
<tr><td>配制日期</td><td></td><td colspan="2">配制日期</td><td></td></tr>
</table>

<table>
<tr><td rowspan="5">标准系列</td><td>序号</td><td>1</td><td>2</td><td>3</td><td>4</td><td>5</td><td>6</td><td>7</td><td>8</td></tr>
<tr><td>使用液体积/mL</td><td></td><td></td><td></td><td></td><td></td><td></td><td></td><td></td></tr>
<tr><td>□含量/□浓度(　　)</td><td></td><td></td><td></td><td></td><td></td><td></td><td></td><td></td></tr>
<tr><td>吸光度(A)</td><td></td><td></td><td></td><td></td><td></td><td></td><td></td><td></td></tr>
<tr><td colspan="3">$a=$</td><td colspan="4">$b=$</td><td colspan="2">$r=$</td></tr>
</table>

样品编号	测定编号	取样量(　　)	稀释倍数	吸光度(A)	测定值(　　)	结果(　　)	备注

质控措施:	计算公式:	备注:

分析人:　　　　　　　　　　复核人:　　　　　　　　　　共　页　第　页

表 7-12 原子吸收分析原始记录

仪器型号： 仪器编号： 分析日期：

分析项目		项目 1：	项目 2：
检测标准(方法)及编号			
分析条件	能量		
	电流/mA		
	波长/nm		
	狭缝/nm		
使用液配制	贮备液浓度/($mg \cdot L^{-1}$)		
	贮备液体积/mL		
	定容体积/mL		
	质量浓度/($mg \cdot L^{-1}$)		
	配制时间		

标准曲线								
项目 1：铅	体积/mL						
	浓度(　　)						
	吸光度(A)						
	$a=$			$b=$			$r=$
项目 2：镉	体积/mL						
	浓度(　　)						
	吸光度(A)						
	$a=$			$b=$			$r=$

样品编号	取样量(　　)	定容体积/mL	项目 1：铅			项目 2：镉		
			浓度(　　)	结果(　　)	备注	浓度(　　)	结果(　　)	备注

质控措施：	备注：

分析人： 复核人： 共　页　第　页

7.3 原始记录单撰写要求

（1）填写原始记录时，应将采样、分析时的有关参数和数据准确地记录下来。原始记录内容填写要清晰、完整，符合要求，以便于核对为准则。表格填写内容要齐全，字迹要清晰、表面要整洁，数据高度不能超过格子高度的1/2，用碳素墨水钢笔填写。错误之处要划改，即在错误数据上划一横线，并盖上印章，把正确数据写在错误数据的上方。原始数据只有监测人员确认有误时，由本人改正、校核、审核，改错要慎重，确认有误再改正。

（2）水质分析送验单要由采样人填写、签字，送样人、收样人要由本人签字。站名、流域、水系、地址、采样断面的填写要与一览表中的内容保持一致；“位置”根据水样采集实际位置（面向河流下游进行判断）进行填写，“左上”“中上”“右上”“左中”“中中”“右中”“左下”“中下”“右下”。

（3）应在水样采集后及时化验、计算、校核，并进行合理性审查，发现问题及时加测。当一人承担多个项目的化验任务时，应先分析易发生变化的项目，要在规定时间内完成各项目的化验任务。

（4）标准溶液的配制：由于标准溶液配制后，其浓度经标定后确定，因此，除分析方法有特殊要求外，一般情况下试剂只需用台秤粗称，用量筒量取溶剂进行稀释，此时稀释体积毫升数可记为整数。

（5）原始记录表中分析项目、方法、溶液等名称要用汉字填写。要正确记录原始数据，记录数据时，要考虑计量器具的精密度和准确度及分析人员的读数误差，如：用万分之一的天平称量时，有效数字应记录到小数点后面第4位。用合格的量具量取溶液时，量取体积的有效数字应根据量器的允许误差和读数误差决定。准确体积或准确容积的记录规定是：当体积示值为2~50 mL或容积示值为10~50 mL时，准确体积可记为2.00~50.00 mL，准确容积可记为10.00~50.00 mL；当体积示值为100 mL，容积示值大于或等于100 mL时，准确体积和准确容积记至小数点后面第1位，即100.0 mL、500.0 mL、1 000.0 mL。

（6）溶液浓度的表示：以mol/L单位表示的数值，取3位有效数字，小数不超过4位，如：$c(NaOH)=1.00$ mol/L、$c(NaOH)=0.100$ mol/L、$c(NaOH)=0.010\ 0$ mol/L；以mg/L单位表示的数值，也取3位有效数字，小数不超过4位，如$\rho(CN^-)=996$ mg/L、$\rho(CN^-)=10.0$ mg/L、$\rho(CN^-)=9.96$ mg/L或$\rho(F^-)=0.010\ 0$ mg/L。不能把基本单元写成脚码，如$c(NaOH)=1.00$mol/L、$\rho(CN^-)=9.96$ mg/L的写法都不正确。

（7）准确吸取（或稀释）水样体积、溶液体积的表示：0.00 mL、0.50 mL、1.00 mL、2.50 mL、10.00 mL、50.00 mL、100.0 mL、1 000.0 mL等。

（8）计算公式的填写要统一。严格按照不同项目的有关要求进行填写。

（9）校准曲线的绘制：要在分析水样的同时制作校准曲线，零点也要参加曲线的回归；校准曲线的相关系数一般应达到0.999以上，对于小于0.999者必须重做。回归方程的截距应与零无显著性差异。

（10）当水样吸光度超过曲线上限时，应当减少取样量，重新测定；水样含量不高时，不能任意减少取样量。无论是比色法，还是滴定法、重量法，都要遵循此原则。

原始记录应反映测试过程的实际情况，如某一项目含量高，其吸光度或峰值超出了所作校准曲线上限,应重新取样测定,并在第一次记录后注明"重测"字样。

(11)在每次待测样品中,应同时测定有关项目的加标回收率,回收率合格与否按照《国标有关规定判断。做加标回收实验时,应记录所加标准液的体积及其浓度,而不能记为"加入×× mg/L 标准液"。要选择有含量的水样加标回收,加标体积应小于水样体积的1%,加标量应为水样含量的0.5~2倍。当加标体积大于水样体积的1%时,计算回收率时应考虑体积的变化。

(12)分析项目有效数字保留位数按要求书写。

①重视原始记录中的签名。原始记录一般有检测人员、校核人员签名。对原始记录中的任何疑点,都应在输入检验报告之前给予解决,必要时进行复测,以确保数据准确无误。

②选择适合的检测方法。使用适合的方法和程序进行所有检测。不同的产品执行的标准不同,使用的检测方法也不同。对于执行标准明确的产品,直接选取标准中的检测方法即可。

③对标准的理解要准确。标准是检测工作的依据,选择正确的、现行有效的标准进行检测,是不言而喻的。实验室是依据标准进行检测的,理解标准一定要准确。

④有足够的信息量。文字要填写具体内容,不得只写符合/(不符合)或合格/(不合格)。对原始记录不得随意涂改,如确系需要修改的,应先用横线将错误横向划去(被划改的内容仍应清晰可见),再把正确值填写在其旁边。对记录的所有改动都应在划改处有修改人的签名或印章。更改原始文件的理由解释必须明晰而具体。有些更改理由是可接受的,有些却是不可接受的。例如,以下列出的解释认为是可接受的:计算错误、书写错误、插入后使资料更明晰、日期错误、仪器故障、实验瓶被打碎、样品喷溅出来、操作失误、插入错误和为使记录更清楚面重写等理由。

⑤正确进行数据处理。一般情况下,产品标准对检测数据应保留的小数位数或有效数字都有明确的规定,在原始记录中也应按标准要求进行记录。

检测后需要进行计算的数据,若产品标准有相关规定,应按照产品标准要求进行计算;若产品标准中无相关规定,则应按照《数值修约规则与极限数值的表示和判定》(GB 8170—2008)的要求进行计算。

7.4 水质检测报告的编写要求

7.4.1 报告中的术语

①质量控制(quality control,QC)。质量管理的一部分,致力于满足质量要求。

②方法验证(method verification)。针对要采用的标准方法或官方发布的方法,通过提供客观证据对规定要求已得到满足的证实。

③精密度(precision)。在规定条件下,对同一或类似被测对象重复测量所得示值或测得的量值间的一致程度。

④准确度(accuracy)。测得的量值与其真值间的一致程度。

⑤检出限(limit of detection,LOD)。样品中可被(定性)检测,但并不需要准确定量的最低含量(或浓度),是在一定置信水平下,从统计学上与空白样品区分的最低浓度水平(或含量)。

⑥方法检出限(method detection limit,MDL)。通过分析方法的全部检测过程后(包括

样品预处理),目标分析物产生的信号能以一定的置信度区别于空白样而被检测出来的最低浓度或含量。

⑦定量限(limit of quantification,LOQ)。样品中被测组分能被定量测定的最低浓度或最低量,此时的分析结果应能保证一定的准确度和精密度。

⑧方法定量限(method quantification limit,MQL)。在特定基质中在一定可信度内,用某一方法可靠地检出并定量被分析物的最低浓度或最低量。

注:水质分析中,以最低检测质量和最低检测质量浓度表示。

⑨校准曲线(calibration curve)。表示目标分析物浓度或含量和响应信号之间的关系的数学函数表达式或图形。

⑩标准物质(reference material,RM)。具有足够均匀和稳定的特定特性的物质,其特性适用于测量或标称特性检查中的预期用途。

⑪有证标准物质(certified reference material,CRM)。附有由权威机构发布的文件,提供使用有效程序获得的具有不确定度和溯源性的一个或多个特性值的标准物质。

⑫质量控制样品(quality control sample)。一种要求的存储条件能得到满足、数量充足、稳定且充分均匀的材料,其物理或化学特性与常规测试样相同或充分相似,用于长期确定和监控系统的精密度和稳定性。

7.4.2 报告的总体要求

报告应准确、清晰、明确、客观地出具检验检测结果,符合检验检测方法的规定,并确保检验检测结果的有效性。结果通常应以检验检测报告或证书的形式发出 。检验检测报告或证书应至少包括下列信息:

(1)标题。

(2)标注资质认定标志,加盖检验检测专用章(适用时)。

(3)检验检测机构的名称和地址,检验检测的地点(如果与检验检测机构的地址不同)。

(4)检验检测报告或证书的唯一性标识(如系列号)和每一页上的标识,以确保能够识别该页是属于检验检测报告或证书的一部分,以及表明检验检测报告或证书结束的清晰标识。

(5)客户的名称和联系信息。

(6)所用检验检测方法的识别。

(7)检验检测样品的描述、状态和标识。

(8)检验检测的日期。对检验检测结果的有效性和应用有重大影响时,注明样品的接收日期或抽样日期。

(9)对检验检测结果的有效性或应用有影响时,提供检验检测机构或其他机构所用的抽样计划和程序的说明。

(10)检验检测报告或证书签发人的姓名、签字或等效的标识和签发日期。

(11)检验检测结果的测量单位(适用时)。

(12)检验检测机构不负责抽样(如样品是由客户提供)时,应在报告或证书中声明结果仅适用于客户提供的样品。

(13)检验检测结果来自于外部提供者时的清晰标注。

(14)检验检测机构应做出未经本机构批准,不得复制报告或证书的声明。

7.4.3 检测报告实例

证书编号：* * * * * * * *

检 测 报 告

项目名称：

委托单位：

样品名称：

检测类别：

* * * * * * * * * * * * * * * * * *公司

* *年 * * 月* * 日

声　　明

一、本报告只使用于检测目的的范围。

二、本报告仅对来样或采样分析结果负责。

三、本报告正本两份,交于委托单位;检测机构存档一份。

四、本报告涂改无效,报告无公司中国计量认证(CMA)章、检验检测专用章、骑缝章无效。

五、未经公司书面批准,不得部分复制本报告。

六、本检测结果仅代表检测时委托方提供的工况条件下的项目检测值。

七、若对检测报告有异议,请在收到报告后5日内向检测单位提出,逾期将不予受理。

单　　位:
地　　址:
邮　　编:
联 系 人:
电　　话:
传　　真:
邮　　箱:

一、检测信息

委托单位	名　　称			
	地　　址			
联系人			联系方式	
样品特性及状态				
采 样 人			分 析 人	
采样日期			分析日期	
检测点位				

二、检测方法及分析仪器

序号	检测项目	检测依据	分析仪器名称及型号	仪器编号
1	色度	《生活饮用水标准检验方法 感官性状和物理指标》(1.1 色度 铂-钴标准比色法)(GB/T 5750.4—2023)	具塞比色管 50 mL	—
2	浑浊度	《生活饮用水标准检验方法 感官性状和物理指标》(2.2 浑浊度 目视比浊法)(GB/T 5750.4—2023)	具塞比色管 50 mL	—
3	臭和味	《生活饮用水标准检验方法 感官性状和物理指标》(3.1 臭和味 嗅气和尝味法)(GB/T 5750.4—2023)	锥形瓶 250 mL	—
4	肉眼可见物	《生活饮用水标准检验方法 感官性状和物理指标》(4.1 肉眼可见物 直接观察法)(GB/T 5750.4—2023)	锥形瓶 250 mL	—
5	pH	《生活饮用水标准检验方法 感官性状和物理指标》(5.1pH 玻璃电极法)(GB/T 5750.4—2023)	台式 pH 计	—
6	铁	《水质 铁、锰的测定 火焰原子吸收分光光度法》(GB 11911—1989)	原子吸收分光光度计	—
7	锰	《水质 铁、锰的测定 火焰原子吸收分光光度法》(GB 11911—1989)	原子吸收分光光度计	—
8	溶解性总固体	《生活饮用水标准检验方法 感官性状和物理指标》(8.1 溶解性总固体 称量法)(GB/T 5750.4—2023)	电子天平	—
			电热鼓风干燥箱	—

续表

序号	检测项目	检测依据	分析仪器名称及型号	仪器编号
9	总硬度	《生活饮用水标准检验方法 感官性状和物理指标》(7.1 总硬度 乙二胺四乙酸二钠滴定法)(GB/T 5750.4—2023)	滴定管 50 mL	—
10	砷	《水质 汞、砷、硒、铋和锑的测定 原子荧光法》(HJ 694—2014)	双道原子荧光光度计	—
11	镉	《生活饮用水标准检验方法 金属指标》(9.1 镉 无火焰原子吸收分光光度法)(GB/T 5750.6—2023)	原子吸收光谱仪	—
12	铅	《铜、铅、镉 石墨炉原子吸收法《水和废水监测分析方法》(第 4 版)国家环境保护总局(2002 年)	原子吸收光谱仪	—
13	汞	《水质 总汞的测定 冷原子吸收分光光度法》(HJ 597—2011)	全自动测汞仪	—
14	硒	《水质 汞、砷、硒、铋和锑的测定 原子荧光法》(HJ 694—2014)	双道原子荧光光度计	—
15	铝	《生活饮用水标准检验方法 金属指标》(1.3 无火焰原子吸收分光光度法)(GB/T 5750.6—2023)	原子吸收光谱仪	—
16	铜	《生活饮用水标准检验方法 金属指标》(4.2 铜 火焰原子吸收分光光度法)(GB/T 5750.6—2023)	原子吸收分光光度计	—
17	锌	《生活饮用水标准检验方法 金属指标》(5.1 锌 原子吸收分光光度法)(GB/T 5750.6—2023)	原子吸收分光光度计	—
18	六价铬	《生活饮用水标准检验方法 金属指标》(10.1 六价铬 二苯碳酰二肼分光光度法)(GB/T 5750.6—2023)	紫外可见分光光度计	—
19	氰化物	《生活饮用水标准检验方法 无机非金属指标》(4.1 氰化物 异烟酸-吡唑酮分光光度法)(GB/T 5750.5—2023)	紫外可见分光光度计	—
20	氟化物(F^-)	《水质 无机阴离子(F^-、Cl^-、NO_2^-、Br^-、NO_3^-、PO_4^{3-}、SO_3^{2-}、SO_4^{2-})的测定 离子色谱法》(HJ 84—2016)	离子色谱仪	—

续表

序号	检测项目	检测依据	分析仪器名称及型号	仪器编号
21	硝酸盐氮（NO_3^-）	《水质 无机阴离子（F^-、Cl^-、NO_2^-、Br^-、NO_3^-、PO_4^{3-}、SO_3^{2-}、SO_4^{2-}）的测定 离子色谱法》（HJ 84—2016）	离子色谱仪	—
22	三氯甲烷	《水质 挥发性有机物的测定 吹扫捕集/气相色谱法》（HJ 686—2014）	气相色谱-质谱联用仪	—
23	四氯化碳	《水质 挥发性有机物的测定 吹扫捕集/气相色谱法》（HJ 686—2014）	气相色谱-质谱联用仪	—
24	亚氯酸盐	《生活饮用水标准检验方法 消毒副产物指标（13.1 亚氯酸盐 碘量法）》（GB/T 5750.10—2023）	滴定管 50 mL	—
25	游离余氯	《生活饮用水标准检验方法 消毒剂指标（1.1游离余氯 N,N－二乙基对苯二胺（DPD）分光光度法）》（GB/T 5750.11—2023）	紫外可见分光光度计	—
26	氯化物（Cl^-）	《水质 无机阴离子（F^-、Cl^-、NO_2^-、Br^-、NO_3^-、PO_4^{3-}、SO_3^{2-}、SO_4^{2-}）的测定 离子色谱法》（HJ 84—2016）	离子色谱仪	—
27	硫酸盐（SO_4^{2-}）	《水质 无机阴离子（F^-、Cl^-、NO_2^-、Br^-、NO_3^-、PO_4^{3-}、SO_3^{2-}、SO_4^{2-}）的测定 离子色谱法》（HJ 84—2016）	离子色谱仪	—
28	耗氧量（高锰酸盐指数）	《生活饮用水标准检验方法 有机物综合指标（1.1 耗氧量 酸性高锰酸钾滴定法）》（GB/T 5750.7—2023）	滴定管 50mL	—
			电热恒温水浴锅	—
29	挥发酚	《生活饮用水标准检验方法 感官性状和物理指标（9.1 挥发酚 4-氨基安替吡啉三氯甲烷萃取分光光度法）》（GB/T 5750.4—2023）	紫外可见分光光度计	—
30	阴离子合成洗涤剂	《生活饮用水标准检验方法 感官性状和物理指标（10.1 阴离子合成洗涤剂 亚甲蓝分光光度法）》（GB/T 5750.4—2023）	紫外可见分光光度计	—
31	二氧化氯	《水质 二氧化氯和亚氯酸盐的测定 连续滴定碘量法》（HJ 551—2016）	滴定管 50 mL	—

三、检测结果

mg/L

序号	采样日期	检测项目	1 水 01	2 水 02	标准限值
		总大肠菌群/(MPN·(100 mL)$^{-1}$)	未检出	未检出	不应检出
		耐热大肠菌群/(MPN·(100 mL)$^{-1}$)	未检出	未检出	—
		大肠埃希氏菌/(MPN·(100 mL)$^{-1}$)	未检出	未检出	不应检出
		菌落总数/(CFU·mL^{-1})	32	26	100
		总 α 放射性/(Bq·L^{-1})	1.6×10^{-2} L	1.6×10^{-2} L	0.5
		总 β 放射性/(Bq·L^{-1})	2.8×10^{-2} L	2.8×10^{-2} L	1
		色度/(°)	5	5	15
		浑浊度/NTU	1	1	1
		臭和味	无	无	无
		肉眼可见物	无	无	无
		pH(无量纲)	7.4	7.2	6.5~8.5
		铁	0.03 L	0.03 L	0.3
		锰	0.01 L	0.01 L	0.1
		溶解性总固体	446	418	1 000
		总硬度	243	261	450
		砷	0.000 3 L	0.000 3 L	0.01
		镉	0.000 5 L	0.000 5 L	0.005
		铅	0.001 L	0.001 L	0.01
		汞	0.000 01 L	0.000 01 L	0.001
		硒	0.000 4 L	0.000 4 L	0.01
		铝	0.010 L	0.010 L	0.2
		铜	0.2 L	0.2 L	1.0
		锌	0.05 L	0.05 L	1.0

注:“L”表示低于检出限。

四、结论

检测期间,出厂水和新供水站出厂水检测结果均满足《生活饮用水卫生标准》(GB/T 5749—2022)中表 1 水质常规指标及限值,表 2 饮用水中消毒剂常规指标及要求和表 3 水质扩展指标及限值的要求。

报告编写人:________________　　授权签字人:________________

审　核　人:________________　　签发日期:____年____月____日

7.4.4 报告撰写注意事项

当需对检验检测结果进行说明时,检验检测报告或证书中还应包括下列内容:

(1)对检验检测方法的偏离、增加或删减,以及特定检验检测条件的信息,如环境条件。

(2)适用时,给出符合(或不符合)要求或规范的声明。

(3)当测量不确定度与检验检测结果的有效性或应用有关,或客户有要求,或当测量不确定度影响到对规范限度的符合性时,检验检测报告或证书中还需要包括测量不确定度的信息。

(4)适用且需要时,提出意见和解释。

(5)特定检验检测方法或客户所要求的附加信息 。报告或证书涉及使用客户提供的数据时,应有明确说明。

7.4.5 报告中对于实验质量控制的要求

(1)质量控制的目的是把分析工作中的误差减小到一定限度以获得准确可靠的测试结果。

(2)质量控制应贯穿水质分析工作的全过程,如样品采集与保存、样品分析、数据处理等。理化指标、微生物指标、放射性指标检验的质量控制应符合(GB/T 5750.1—2023)和(GB/T 5750.2—2023)及相关指标检验方法的相关要求。

(3)实验室首次采用标准方法之前,应对其进行验证。

(4)质量控制是发现、控制和分析产生误差来源的过程,用以控制和减小误差,可通过使用标准物质或质量控制样品、进行比对实验(如人员比对、方法比对、仪器比对、留样再测等)、参加能力验证计划或实验室间比对、平行双样法、加标回收法及其他有效技术方法来实现,以保证分析结果的准确可靠。

7.4.6 报告中对于分析误差的理解

(1)误差的分类。

分析工作中的误差有三类:系统因素影响引起的误差、随机因素影响引起的误差和过失行为引起的误差。

(2)误差的表示方法。

①精密度。精密度反映了随机误差的大小,可用重复测定结果的标准偏差或相对标准偏差表述精密度。

②准确度。准确度反映了分析方法或测量系统中系统误差和随机误差的大小,可通过有证标准物质或质量控制样品检验结果的偏差评价分析工作的准确度;或通过测定加标回收率表述准确度。

参 考 文 献

[1] 夏玉宇. 化学实验室手册[M]. 3 版. 北京:化学工业出版社,2015.

[2] 王有志. 水质分析技术[M]. 2 版. 北京:化学工业出版社,2018.

[3] 彭艳. 高职院校学生综合素质测评的研究[J]. 国际公关, 2020(1): 213.

[4] 张静. 大学生综合素质测评理论研究综述[J]. 开封教育学院学报, 2018, 38(9): 207-208.

[5] 陈洁. 高职学生综合素质教育评价体系研究[J]. 湖北开放职业学院学报, 2022(3): 33-36.

[6] 刘兵. 高校教学质量管理平台的构建[J]. 中国成人教育, 2016(7): 72-74.

[7] SUSKIE L A. Assessing student learning: a common sense guide[M]. 2nd ed. San Francisco, CA: Jossey-Bass, 2009.

[8] DUGAN R E. Outcomes assessment in higher education: views and perspectives [M]. Westport: Libraries Unlimited,2004.

[9] SERBAN A M, FRIEDLANDER J. Developing and implementing assessment of student learning outcomes[M]. San Francisco, Calif.: Jossey-Bass, 2004.

[10] 阿特巴赫. 变革中的学术职业: 比较的视角[M]. 别顿荣译. 青岛: 中国海洋大学出版社, 2006.

[11] 邢倩男. 湖北省环境保护厅预算绩效评估分析[J]. 管理观察, 2015(18): 126-128.